120 original embroidery designs by Yoko Saito

齊藤謠子の

# 生活拼布刺繡圖案

# 120

活用刺繡圖案的
20件作品與基礎知識

日本ヴォーグ社

這是我繼拼布、貼布縫之後的第三本圖案集，主題是「享受拼布樂趣的刺繡」，顧名思義是為了豐富拼布所做的刺繡，所以既不是繡線色彩繽紛的法式刺繡，也非細密填滿布面的十字繡。

書中使用最多的是可以自由勾勒直線或曲線的輪廓繡，其次為結粒繡和直線繡等，都是些基本的簡單繡法。而「拼布＋刺繡」的最大魅力在於底布的選擇。繡法雖然簡單，但藉由底布花紋的烘托，往往可以為刺繡圖案注入深度，或因挑選了與刺繡有關的印花布而讓圖案有了故事性。本書就是在活用印花布或拼布的基礎上構思刺繡圖案。

此外，這次一共設計了120個刺繡圖案，並應用部分圖案縫製了20件
作品，包括壁掛和包包等。在刺繡的邊緣加上落針壓縫、或是在部分底布
均等地進行壓縫，刺繡圖案一下子就變得立體而搶眼。這是布與線所能創
造的有力質感，也是圖樣或平面圖形所無法企及的。也可以說「拼布＋刺
繡」的樂趣正在於此。

拼布與刺繡結合，相互交織、引發魅力……衷心期盼本書能提供這樣
的發想，對你在拼布縫製上有所幫助。

*Yoko Saito*

齊藤謠子

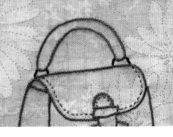

# Contents

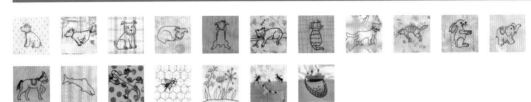

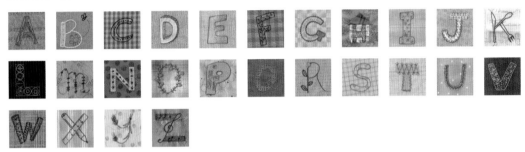

●關於刺繡的種類，未特別指定的都是使用25號繡線。圖案中的「○股」是表示要用幾股繡線來刺繡。

●圖案中有套上淺灰色的部分是表示使用貼布縫或是拼布的部分。

●圖案的讀法和刺繡的方法請參閱P180的「圖案的使用方法」。請在製作前詳閱P181的「基礎知識」。

# 1

## 端坐
### Sit Down

和狗狗一起生活時，目光總會被牠那若無其事的可愛模樣吸引。於是，我試著素描出牠併攏雙腳端坐的側影，看起來像個等著零食吃的乖小孩。此圖案應用在P12的壁掛。

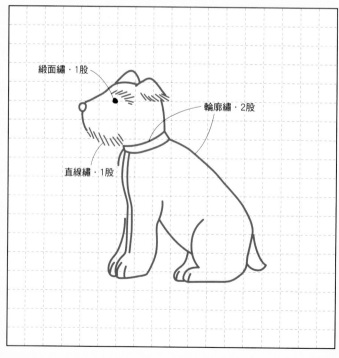

緞面繡‧1股

輪廓繡‧2股

直線繡‧1股

# 2 奔跑
## Scamper

奮力奔跑的小狗，耳邊彷彿還可以聽見咻咻的風聲。底布是描繪巴黎街景的印花布。刺繡圖案因為插畫風格的底布構圖而呈現出遠近感。此圖案應用在P12的壁掛。

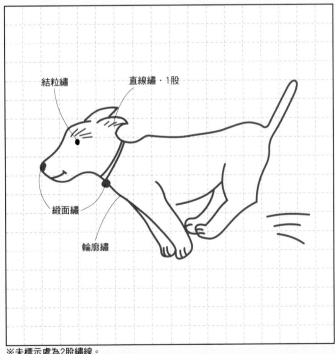

結粒繡　直線繡・1股

緞面繡

輪廓繡

※未標示處為2股繡線。

# 3 等一下！
## Wait!

一副想不透的苦惱表情，也許是因為明明食物當前卻被要求「等一下再吃」吧！先用平針繡勾勒臉部輪廓，再用直線繡繡出一根根的毛，這樣比較容易做出形狀。此圖案應用在P12的壁掛。

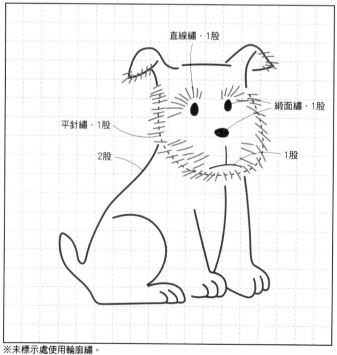

直線繡·1股

平針繡·1股

緞面繡·1股

2股

1股

※未標示處使用輪廓繡。

# 4 狗爺爺
## Grand-Pa Dog

長年受到飼主疼愛的小狗，逐漸老去變成了狗爺爺。在臉部四周的毛髮中摻入一些較淺的繡線，會有看似白髮的效果。一起動手繡出狗爺爺詳和的睡相吧！此圖案應用在P12的壁掛。

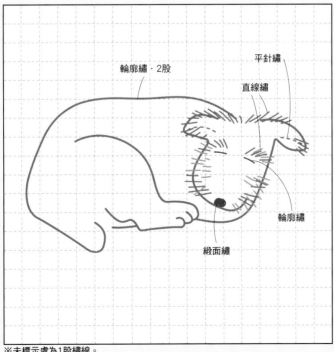

輪廓繡・2股

平針繡

直線繡

輪廓繡

緞面繡

※未標示處為1股繡線。

# 5 休息一下
## Take a Break

伸展後腿，身體完全趴平的小狗。在小狗和小貓圖案並列的設計中，適時加入改變角度的圖案，可增添作品的趣味性。此圖案應用在P12的壁掛。

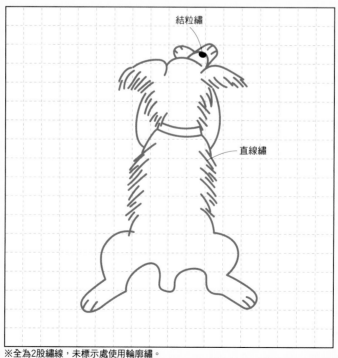

結粒繡

直線繡

※全為2股繡線，未標示處使用輪廓繡。

# 6

## 在樹上睡午覺
### Napping on a Tree

這隻酣酣大睡的貓咪，前腳和長長的尾巴都垂掉下來，一副十足放鬆的模樣。因為是趴在樹上，所以選用有常春藤圖案的底布做搭配。此圖案應用在P12的壁掛。

1股

※全使用輪廓繡，未標示處為2股繡線。

# a 壁掛

這掛飾是拼縫九片小狗和小貓圖案的布塊做成的。因為我個人偏愛狗，所以有較多與小狗相關的設計。在各圖案的拼縫處加上樹枝狀的刺繡，一來讓九片不同的底布相互融和，二來具有窗框般的點綴效果。

使用圖案…**1**至**9**（P6至P11、P14至P16）
做法參閱　P191

# 7 貓咪的背影
## Cat's Back

此設計利用圓形曲線勾勒出貓咪可愛的背影。因配合底布所以只用單一顏色刺繡，也可改變毛的顏色，繡成虎皮斑紋貓。此圖案應用在P12的壁掛。

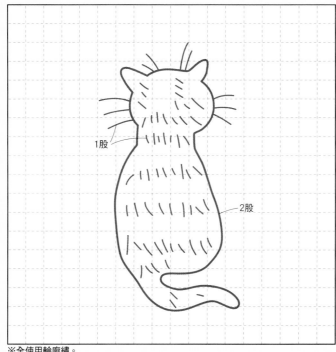

1股

2股

※全使用輪廓繡。

# 8

## 鄰家的貓
## Neighbor's Cat

這是一隻戴著項圈的時髦貓咪。用細針目的輪廓繡來表現貓咪柔和的身體曲線。使用剛冒出新芽枝葉的圖案做底布,感覺就像貓咪行走於樹林中。此圖案應用在P12的壁掛。

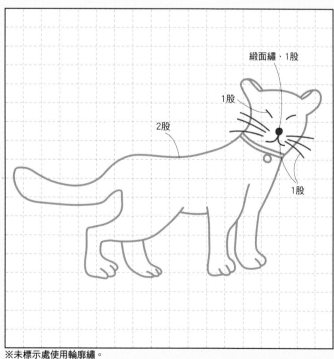

緞面繡·1股

1股

2股

1股

※未標示處使用輪廓繡。

# 9 奮戰中的貓
## Fighting Cat

貓咪生氣時，會豎起背上的毛、撐大身體，讓自己看起來很強壯，就像圖中這隻看來十分憤怒的貓咪。毛髮的部分是用直線繡逐根繡上的。此圖案應用在P12的壁掛。

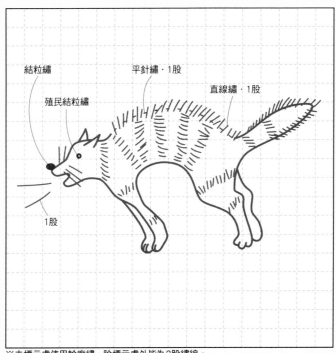

結粒繡

殖民結粒繡

平針繡‧1股

直線繡‧1股

1股

※未標示處使用輪廓繡，除標示處外皆為2股繡線。

# 10 林中的兔子
## Rabbit in the Forest

拿著橡果的兔子,配上垂下的耳朵和翹起的鬍鬚,流露輕鬆的表情。尾巴以直線繡呈現出蓬鬆感,底布則選擇有樹木圖案的印花布。

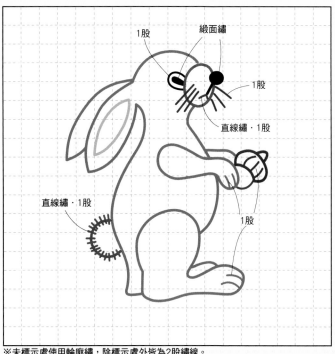

緞面繡

1股

1股

直線繡·1股

直線繡·1股

1股

※未標示處使用輪廓繡,除標示處外皆為2股繡線。

# 11 小象
## Baby Elephant

因為是象寶寶,所以身體、四肢和尾巴都是短短胖胖的,一副圓滾滾的模樣。如果多繡幾隻,排成象寶寶的行進隊伍,應該會很可愛。背上方格斜紋布是採用貼布縫。

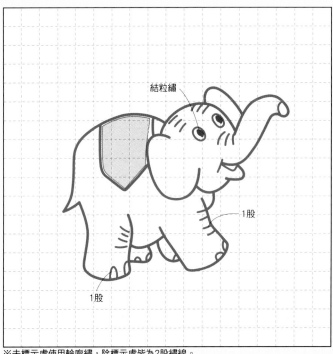

結粒繡

1股

1股

※未標示處使用輪廓繡,除標示處皆為2股繡線。

# 12 小馬
## Pony

這是一匹姿態優雅穩重的小馬。腳部的微妙線條是讓小馬圖案變得活靈活現的關鍵，建議以直線繡細細地描繪線條，馬鞍上則點綴千鳥繡和結粒繡。

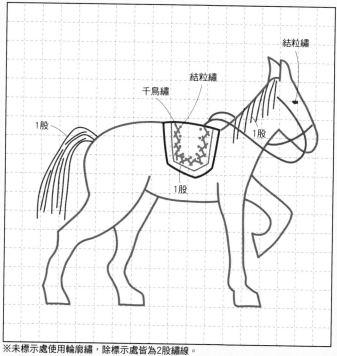

結粒繡

結粒繡

千鳥繡

1股

1股

1股

※未標示處使用輪廓繡，除標示處皆為2股繡線。

# 13 鯊魚
## Shark

簡潔的身體線條和銳利牙齒的鯊魚，臉上露出一絲不懷好意的表情。反正鯊魚素有「海中強盜」之稱，應該無所謂吧！搭配冒著水泡的底布，完美呈現海中情景。

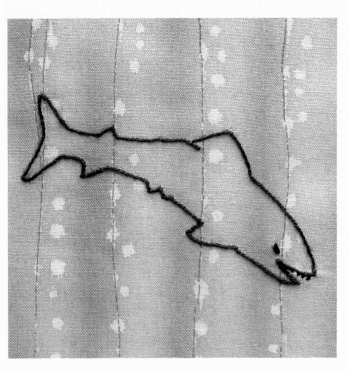

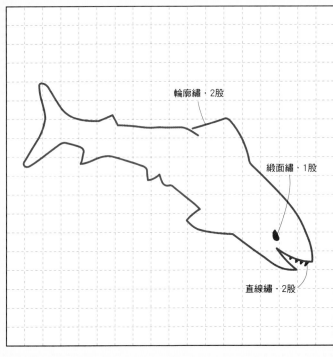

輪廓繡・2股

緞面繡・1股

直線繡・2股

# 14 蜥蜴
## Lizard

總受到男孩們喜愛的蜥蜴，繡在以植物為主題的拼布上應該會很有趣吧！這裡挑選大點點花紋的底布，可以表現出蜥蜴「乍看之下不知在哪裡？」的隱身技倆。

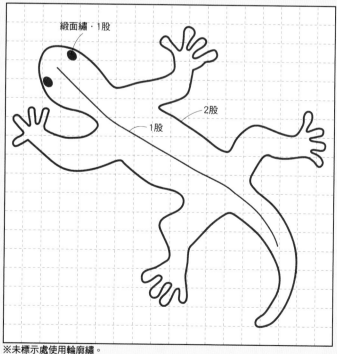

緞面繡・1股

2股

1股

※未標示處使用輪廓繡。

# 15 蜜蜂
## Honeybee

我很喜歡蜜蜂,在《貼布縫的圖案集》中也有蜜蜂的作品,只不過刺繡可以連翅膀的上的紋路和尾端的尖刺等細節都表現出來。底布全部繡上六角形,看起來就像蜜蜂正停在蜂巢上。此圖案應用在P24與P25的化妝包。

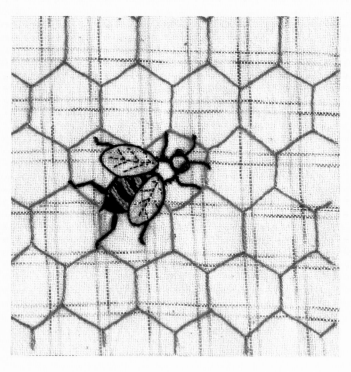

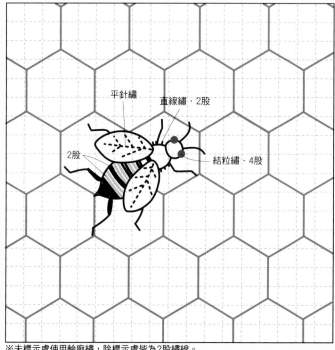

平針繡

直線繡・2股

2股

結粒繡・4股

※未標示處使用輪廓繡,除標示處皆為2股繡線。

# 16 北歐之花
## North European Flowers

我想用刺繡呈現出北歐野花圖案的織品風格。底布選用有淡雅筆觸葉紋的印花布，搭配簡單的刺繡，帶出圖案的深度。此圖案應用在P24與P25的化妝包。

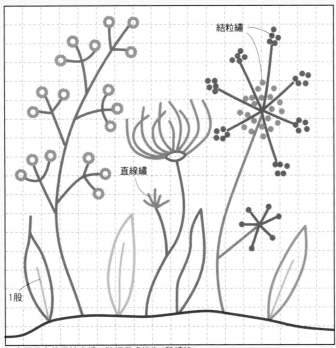

結粒繡

直線繡

1股

※未標示處使用輪廓繡，除標示處皆為2股繡線。

# b 化妝包

結合蜂巢上的蜜蜂與北歐風花朵的刺繡圖案。
由於兩者都是織品風格的圖案，組合在同一件
作品中並不會產生不協調感。類似水餃包的造
型，內容量很大，放入包包中又不占空間，使
用起來十分方便。

使用圖案⋯**15**・**16**（P22、P23）
做法參閱　P192

# 17 蟻窩
*Formicary*

勤勞工作的大螞蟻、剛出生的螞蟻寶寶，及位在巢底的螞蟻蛋。地面以下的部分另外疊上一塊布後進行挖布縫，做成剖面圖，彷彿可作為觀察螞蟻的工具。此圖案應用在P30的口金包。

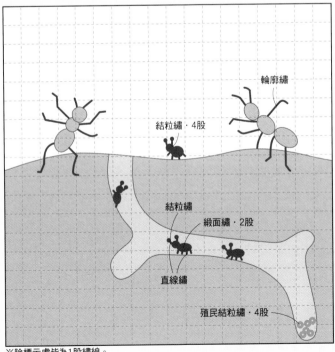

輪廓繡

結粒繡・4股

結粒繡

緞面繡・2股

直線繡

殖民結粒繡・4股

※除標示處皆為1股繡線。

# 18 一網打盡
## Catching at One Cast

小魚群正被網進大網裡。底布擇用令人想起大海的波紋印花布，顯得更加栩栩如生。增加魚網內的魚群，或在網外繡上幾尾大魚，會產生出另一番趣味。此圖案應用在P30的口金包。

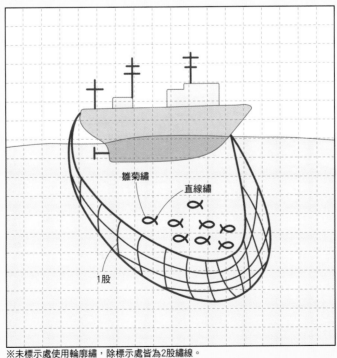

雛菊繡

直線繡

1股

※未標示處使用輪廓繡，除標示處皆為2股繡線。

# 19 購物車
## Shopping Cart

此設計是在美國超市內常見的大型購物車。用輪廓繡勾勒出籃子直線的部分，堅實牢固的模樣，像是希望顧客多採買些青菜和水果。此圖案應用在P31的化妝包。

※未標示處使用輪廓繡，除標示處皆為2股繡線。

# 20 自行車
## Bicycle

巴黎地圖上停放著一台傳統的自行車。全部採用黑色繡線細描的自行車，彷彿重現黑白電影的場景。只要改變坐墊和車燈的顏色，氣氛將為之一變。此圖案應用在P31的化妝包。

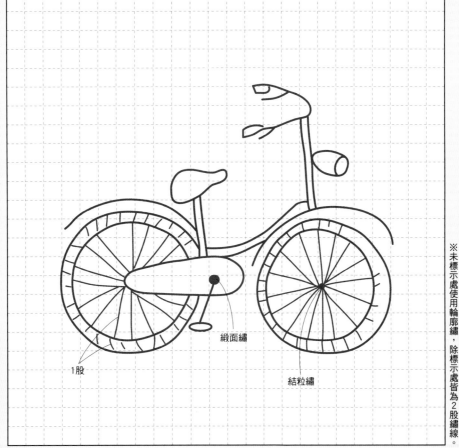

緞面繡

1股

結粒繡

※未標示處使用輪廓繡，除標示處皆為2股繡線。

# C 口金包

這是一個看起來鼓鼓的口金包。正面是蟻窩，
背面是一網打盡的圖案，是個大開口且用單手
就能輕易開關的好用款式。整體構圖呈現十足
的平衡感，還壓上細小的壓縫線。

使用圖案…**17、18**（P26、P27）
做法參閱　P194

# d 化妝包

組合購物車和自行車圖案的化妝包,是圓角搭配拉鏈的設計款。必須接縫得夠密實,使用起來才會順手、好用,所以側幅的部分以縫紉機壓縫。包上的圖案可依個人喜好隨意組合。

使用圖案⋯**19、20**(P28、P29)
做法參閱　P196

# 21 著陸
## Landing

本書收錄兩款飛機圖案,首先介紹的是具有懷舊風的小型飛機。搭配上插畫筆觸的地圖紋底布,令人回想起童年觀看冒險電影時,忐忑不安的心情。

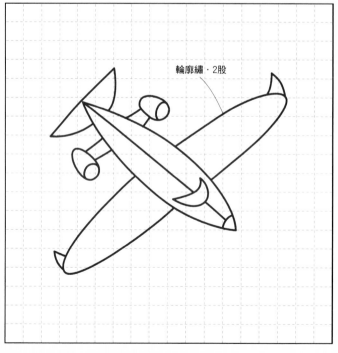

輪廓繡・2股

# 22 天空之旅
## Go By Air

這一架大型的波音747飛機。如果每次的海外旅行，都能搭乘這麼可愛的飛機，旅程應該會更加開心吧！搭配若干條由小圓點組成的波狀線條底布，營造出御風而行的場景。

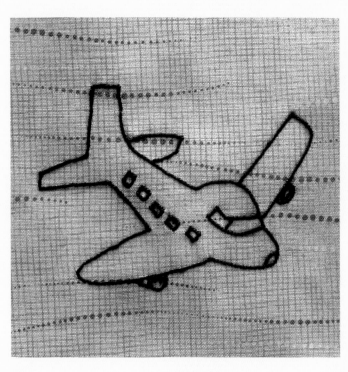

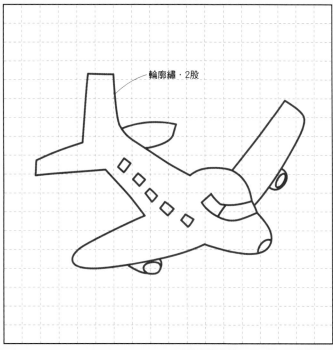

輪廓繡・2股

# 23 玻璃杯
## Tumbler

透明的玻璃杯內裝著漂亮顏色的飲料，為
表現杯子的厚實感，內層的貼布縫比外層
小了一圈，再搭配圓點花樣的底布，涼爽
的氣氛就這樣蔓延開來了。

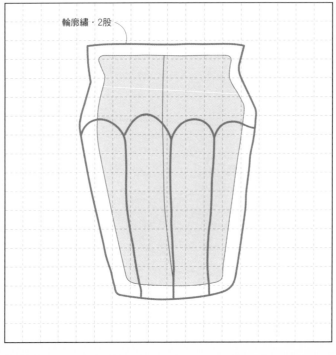

輪廓繡・2股

# 24 電燈泡
## Electric Bulb

閃閃發亮的電燈泡，連捲成一圈圈的鎢絲也一併繡上。為凸顯貼布縫的形狀，沿著外緣加上輪廓繡。而印有舊英文信圖案的底布，則加深了古典的氣息。

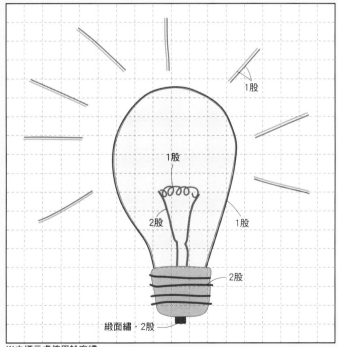

1股

1股

2股

1股

2股

緞面繡・2股

※未標示處使用輪廓繡。

# 25 請關水！
## Turn It Off!

水龍頭流出好多水喔！只用簡單的輪廓繡勾勒出的圖案，以前小學的飲水台好像就是這種水龍頭。將出口的水換成一滴，也很可愛呢！

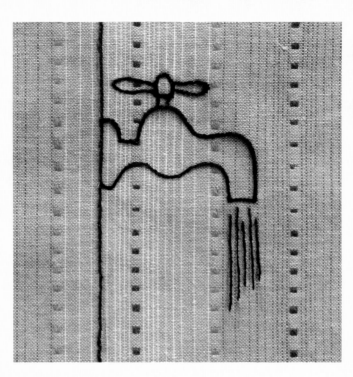

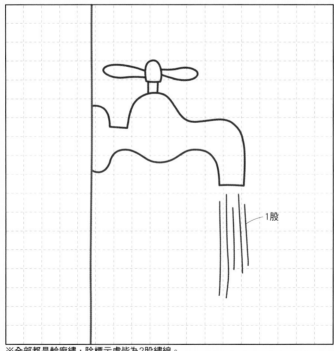

1股

※全部都是輪廓繡，除標示處皆為2股繡線。

# 26 擺鐘
## Pendulum Clock

會發出喔喔聲響報時的擺鐘,似乎是必須每天上發條才會走的古老時鐘。圖中的指針指向十點十分,可隨喜好變換時針和分針的位置。

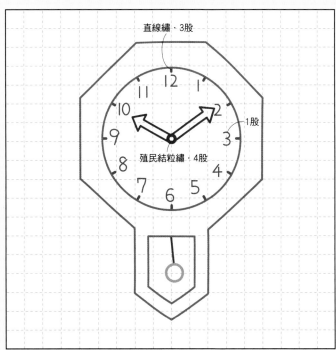

直線繡・3股

1股

殖民結粒繡・4股

※未標示處使用輪廓繡,除標示處皆為2股繡線。

# 27 膠台
## Tape Cutter

試著繡出一些常擺放在桌上的小物吧！由於只使用單一的深紅色，感覺上像是 redwork（譯注：僅用紅線繡線繡出的刺繡風格）的表現手法，但底布巧妙搭配有英文報紙圖樣的印花布，形成一幅有趣的構圖。

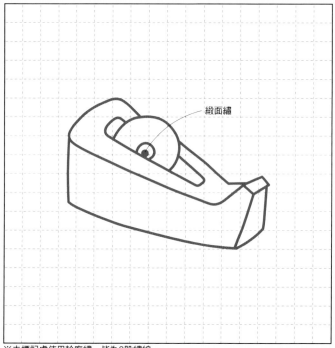

緞面繡

※未標記處使用輪廓繡，皆為2股繡線。

# 28 網球
*Tennis*

網球拍和網球的組合，連球拍外緣的長線都逐一呈現。刺繡的重點在於，以1股25號繡線做輪廓繡，並勾勒出整齊的細線。

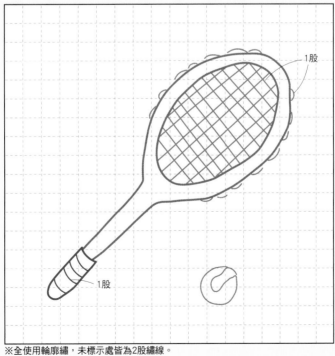

1股

1股

※全使用輪廓繡，未標示處皆為2股繡線。

# 29 祖母的提籃
## Nantucket Basket

像包包一樣漂亮的提籃，最大的特色在於蓋子上所裝飾的仿魚及仿造鯨魚圖案的象牙。因為是刺繡，所以連提把擋和固定蓋子的栓子，都寫實的描繪出來。此圖案應用在P41的化妝包。

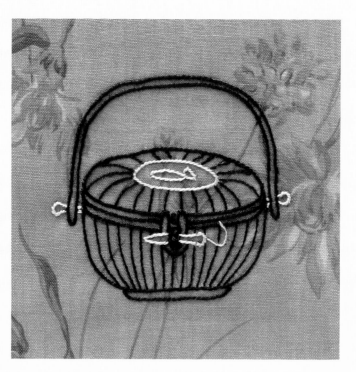

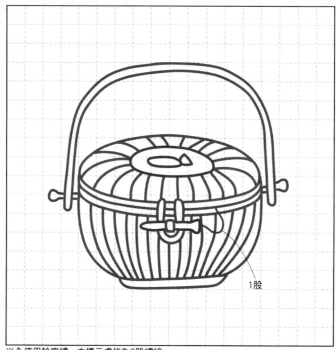

1股

※全使用輪廓繡，未標示處皆為2股繡線。

# e 化妝包

這是一個手掌大小的化妝包。沿著刺繡圖案做
落針壓縫，會使正面的提籃變得更立體、搶
眼；背面則配合布上的花樣做壓縫。由於是小
包包，內層的縫份要收整齊，不要散落各處。

使用圖案…**29**（P40）
做法參閱　P198

# 30 綠色提包
## Green Bag

這是一個附有扣帶的堅固提包,用細針目的輪廓繡漂亮的處理曲線的部分。在秋天時穿著粗呢的外套,就會想帶著這個提包出門喔!

平針繡・1股

殖民結粒刺繡・5股

※未標示處使用輪廓繡,除標示處皆為2股繡線。

# 31

## 藍色高跟鞋
### Blue Pumps

不受拘束地繡出自己喜愛的物品,正是刺繡的樂趣之一,就像這雙漂亮的舞鞋。若真要穿這麼高的舞鞋跳舞,那可要有一身的功夫!但化身為刺繡圖案,看起來是不是很美呢?

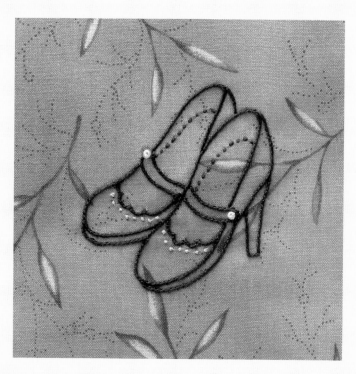

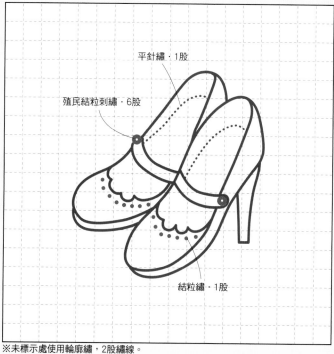

平針繡・1股

殖民結粒刺繡・6股

結粒繡・1股

※未標示處使用輪廓繡,2股繡線。

# 32 左手
*Left Hand*

這是模仿孩童的小手繡成的簡單圖案。在此款設計中，跳脫手一定是膚色的思維，而改用藍色繡線來表現。如果在無名指繡上戒指，就變成大人的手囉！

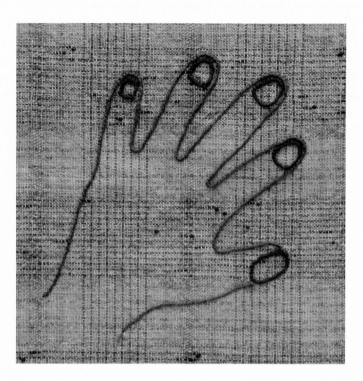

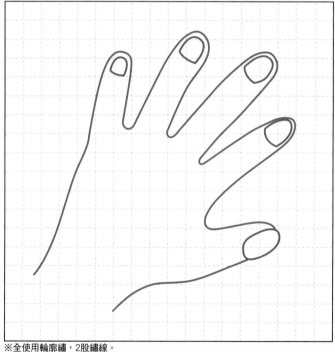

※全使用輪廓繡，2股繡線。

# 33 足印
## Footprint

是小寶寶的腳印喔！本書所收錄的圖案，均可隨喜好放大或縮小，但類似腳印這樣的圖案，尺寸小一點會顯得可愛些。底布選擇基本的刺繡圖案風印花布。

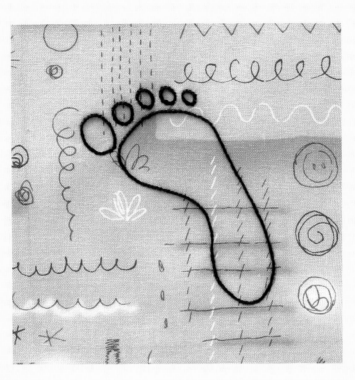

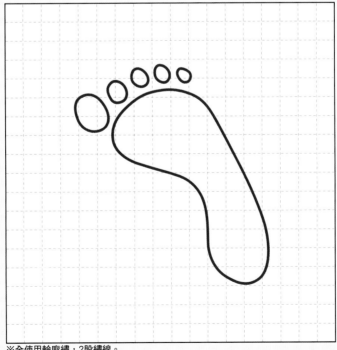

※全使用輪廓繡，2股繡線。

# 34 老爺爺
## Grand-Pa

為了表現這個有點代謝不良而挺個大肚子的老爺爺，特別用細針目的輪廓繡繡出肚子的弧線。由於場景設在房間，所以使用有壁紙風的格紋印花布。

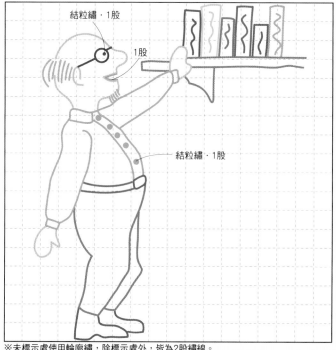

結粒繡・1股

1股

結粒繡・1股

※未標示處使用輪廓繡，除標示處外，皆為2股繡線。

# 35 老奶奶
## Grand-Ma

拿著長掃帚的老奶奶正在工作呢！在包包頭的下面繡上幾撮毛髮，感覺更為逼真。插著髮髻、帶著耳環的模樣，像是童話世界中的可愛老奶奶。

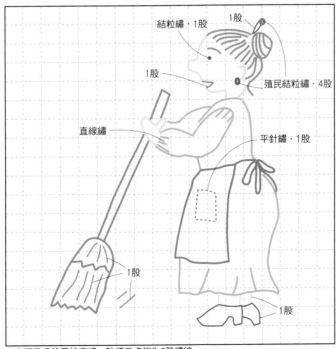

結粒繡·1股
1股
1股
殖民結粒繡·4股
直線繡
平針繡·1股
1股
1股

※未標示處使用輪廓繡，除標示處皆為2股繡線。

# 36 小矮人
## Dwarf

紅色的帽子、圓圓的鼻子、繫著腰帶的上衣、尖頭的靴子……宛若白雪公主中的七個小矮人。特別以手舞足蹈的姿勢來呈現小矮人的活潑氣質。圓圈狀的底布將氣氛帶動得更加歡樂。

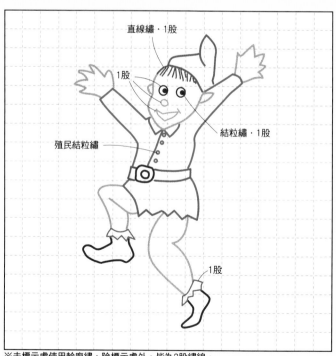

直線繡・1股

1股

結粒繡・1股

殖民結粒繡

1股

※未標示處使用輪廓繡，除標示處外，皆為2股繡線。

# 37 生日快樂
## Happy Birthday

祝福話語被小巧的愛心貼布和刺繡花樣環繞著。框框內的「Happy Birthday」可置換成「Thank you」或「Good Luck」等字樣。除了可作為拼布的布塊,也可做成卡片送人。

直線繡

3股

殖民結粒繡・5股

※未標示處使用輪廓繡,除標示處外,皆為2股繡線。

在20cm立方的布塊繡上四種不同樹木的圖案。筆直的樹幹搭配向兩側伸展的枝幹，真像是山毛櫸正張開雙手歡迎你的到來。為了表現茂盛狀，所以加上了許多葉子。此圖案應用在P58的壁掛。

1股

1股

1股

※全使用輪廓繡，未標示處皆為2股繡線。

# 39 柳樹
### Willow

為了表現迎風搖曳、姿態優雅的柳枝，特別以柔軟的線條來描繪中間較粗的樹幹，在氣氛的營造上發揮了相乘的效果。此圖案應用在P58的壁掛。

※全使用輪廓繡，2股繡線。

在北歐的神話中，據稱白蠟樹是撐起世界的巨木「世界樹」的代表。其凜然而立的姿態，是不是讓你連想起神話的世界呢？此圖案應用在P58的壁掛。

※全使用輪廓繡，2股繡線。

水杉
Dawn Redwood

圓錐狀的水杉樹形高大，姿態優美。建議
試著用雛菊繡來表現枝幹長滿細小葉片的
模樣。此圖案應用在P58的壁掛。

雛菊繡

※全為2股繡線，未標示處使用輪廓繡。

# f

壁掛

以四種樹木圖案拼縫而成的壁掛,散發出沉穩
的氣息。底布壓縫了波狀線條,使得枝葉彷彿
隨風飄動,比單純只有刺繡時有豐富的表情。

使用圖案…**38**至**41(P50**至**P57)**
做法參閱　P200

# 42 馬尾草
## Horsetail

這個圖案以刺繡加上了少許貼布縫。馬尾草是由英文「horsetail」直譯而來，在草的前端布滿殖民結粒繡，莖部處使用直條擦痕紋路的布料，再加上直線繡。

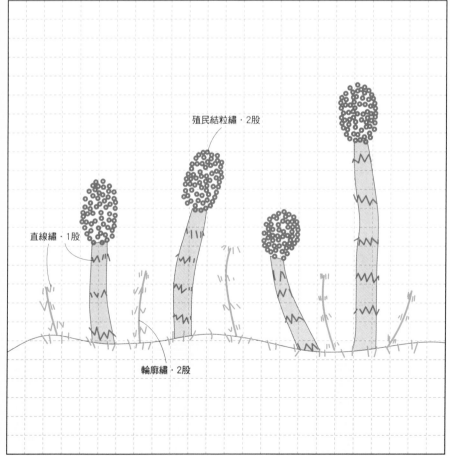

殖民結粒繡‧2股

直線繡‧1股

輪廓繡‧2股

# 43 秋天的花
## Autumn Flower

爭先綻放的可愛的小花,帶來秋天的氣息。黃色小花以大小一致的殖民結粒繡來表現,繡花時請一邊留意整體的平衡,一邊調整數量和位置。

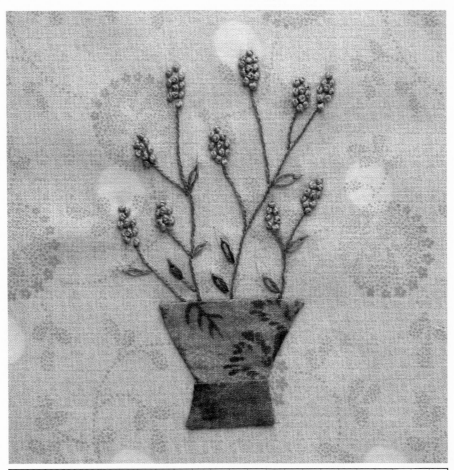

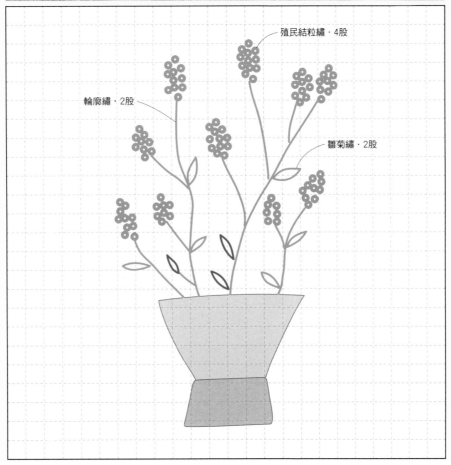

殖民結粒繡·4股

輪廓繡·2股

雛菊繡·2股

秋天的花

# 44 鈕釦組合
## Button Sampler

我試著在鈕釦四周繡上裝飾的花樣，因為是幾種簡單繡法的搭配組合，所以選了九塊底布，形成鈕釦風格的圖案。請配合手邊鈕釦的形狀及大小進行刺繡。

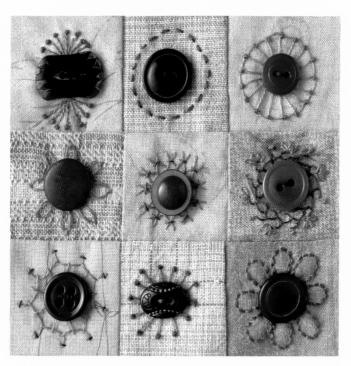

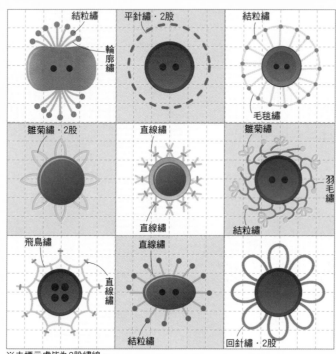

※未標示處皆為2股繡線。

# 45 四葉幸運草
## Four-Leaf Clover

由四片心型葉子組合成的幸運草。一樣切割成四個布塊，每個布塊上的繡法都不同，只有右下角布塊中的心型葉子斜著排放，試著打破平衡。

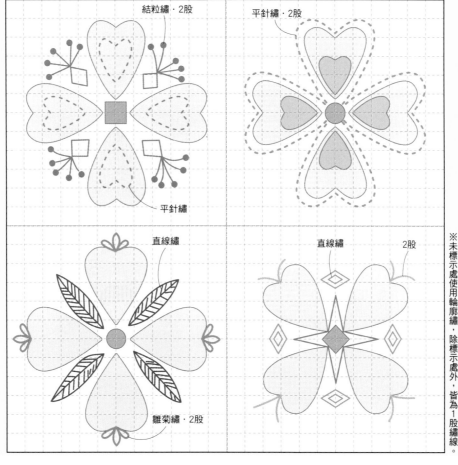

結粒繡．2股

平針繡．2股

平針繡

直線繡

直線繡　2股

雛菊繡．2股

※未標示處使用輪廓繡，除標示處外，皆為1股繡線。

# 46 花環
## Flower Wreath

以粉紅的花朵搭配兩種葉子，串成一個花環。例圖示範的是 12cm 立方的圖案。如果要做更大的花環，可增加花和葉子的數量。

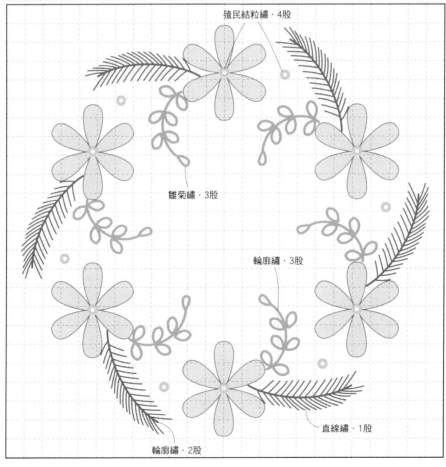

殖民結粒繡・4股

雛菊繡・3股

輪廓繡・3股

直線繡・1股

輪廓繡・2股

# 47

## 星星＆小紅莓
### Star & Cranberry

以拼縫的方式，將拼出的檸檬星圖案至於中央。縫上圓形貼布縫，做為小紅莓的果實，並在四個邊角繡上朝內生長的小花。此圖案應用在P66的方盒子。

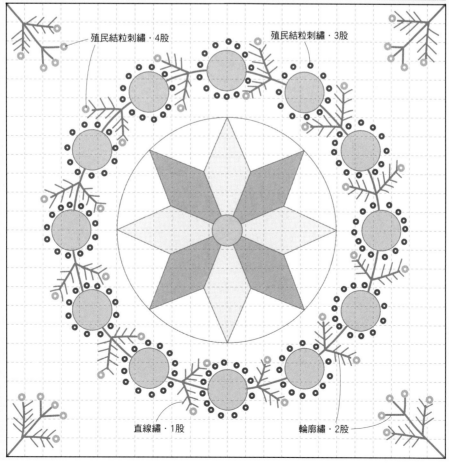

殖民結粒刺繡・4股

殖民結粒刺繡・3股

直線繡・1股

輪廓繡・2股

# g 方盒

為了襯托正方形的樣式，所以用貼布縫縫
上一個曲線柔和的窗框。框線上排列著小
小顆的殖民結粒繡，將線條變得更立體。
盒蓋的邊緣夾入荷葉邊形織帶做修飾。

使用圖案…**47**（P65）
做法參閱　P202

# 48 天竺牡丹
## Tree Dahlia

有著粉紅色花瓣的可愛天竺牡丹（大理花），像樹木一般挺立著。在花瓣之間插入以綠色的輪廓繡繡成的堅固圓形花苞。底布則選用穿插細線條的格紋布，整體看來十分清爽。

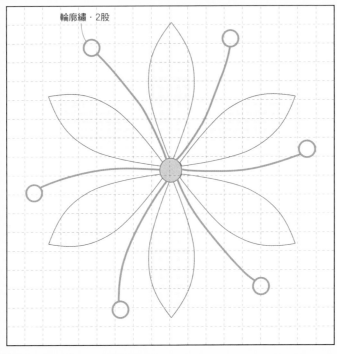

輪廓繡・2股

# 49 金盞花
## Marigold

活用布紋的色澤，取顏色較深的部分作為花瓣的根部。雛菊繡繡成的葉子，和圖案46中的葉子同款式，既然都是搭配圓形花朵，一起使用應該也會很可愛。

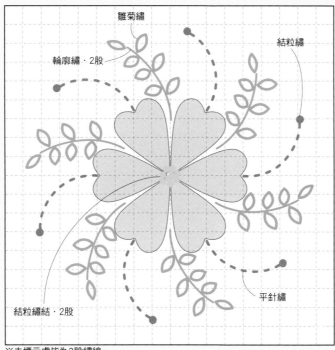

雛菊繡

結粒繡

輪廓繡·2股

平針繡

結粒繡結·2股

※未標示處皆為3股繡線。

# 50 指南針&洋蘇草
## Compass Sage

切割成放射狀的圓，是容易排列組合的圖形，也是十分常見的設計。在布片的旁邊以原色繡線疊上千鳥繡，讓圖案和底布的界限融為一體。圖案的四角則繡上洋蘇草之類的柔軟綠葉，加以點綴。

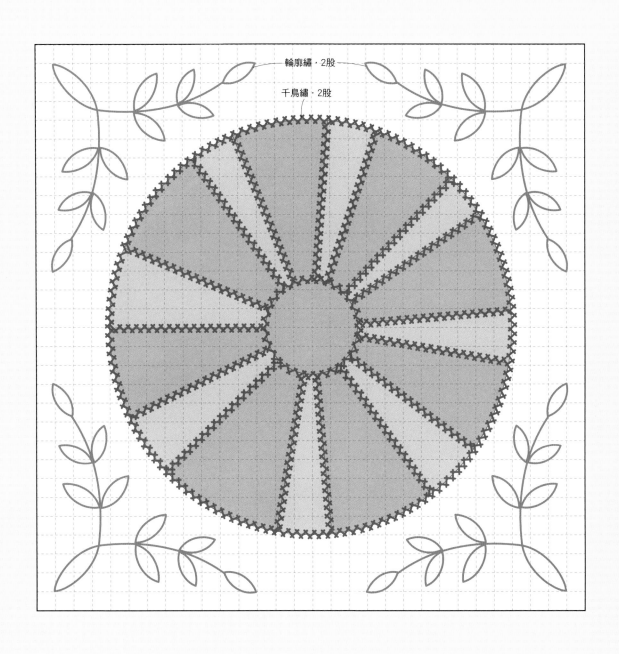

輪廓繡・2股

千鳥繡・2股

# 51

三葉草花環

Garland of Clover

將殖民結粒繡和貼布縫縫成的圓狀三葉草，編織成一個花環。變換花樣的編排方式，有時可以運用在窗櫺和邊框上。淺色底布上印有白色苜蓿花。此圖案應用在P74的圓盒子。

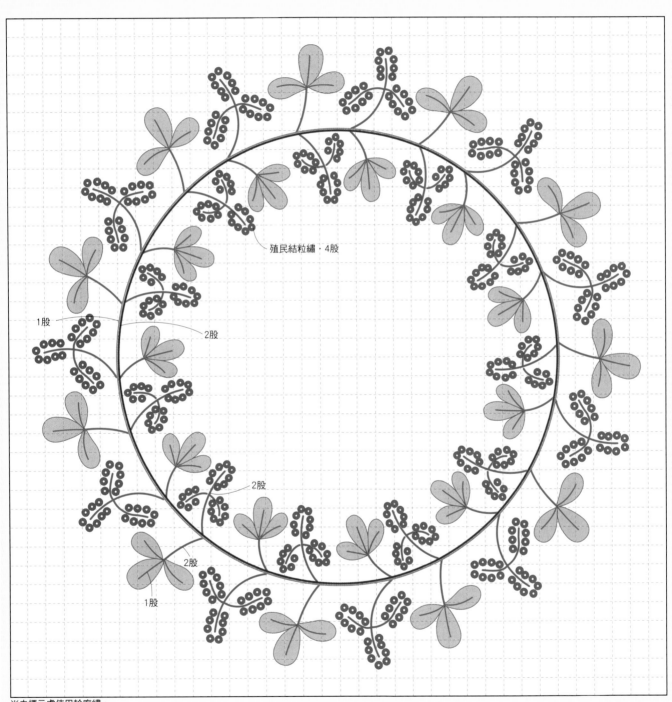

殖民結粒繡‧4股

1股

2股

2股

2股

1股

※未標示處使用輪廓繡。

# h

圓盒

將圖案51直接裝飾在圓形盒子的盒蓋上，中間再加上一顆大串珠，盒緣則滾上一圈內含細繩的滾邊條。盒體由木紋印花布做成的數塊板片，沿著盒底逐片拼接而成。拼接時記得在各片之間預留一些空隙。

使用圖案…**51**（P72、P73）
做法參閱　P204

# 52

## 熱情之花
### Passion Flower

介紹幾款在拼布塊上加入刺繡的圖案。首先登場的圖案是 ——大大的檸檬星拼布塊，外圍繞著雛菊繡所製的花環。雖然圖案47中也有用到檸檬星的圖案，但此處的設計讓拼布部分變得更搶眼。

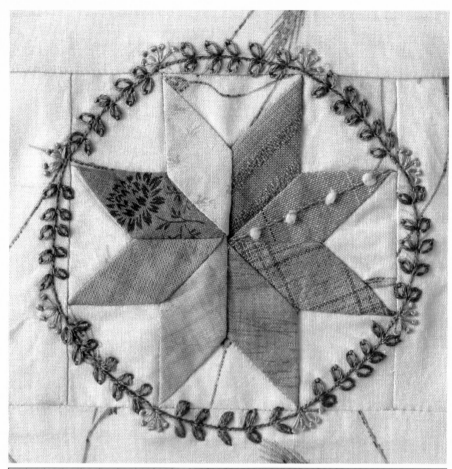

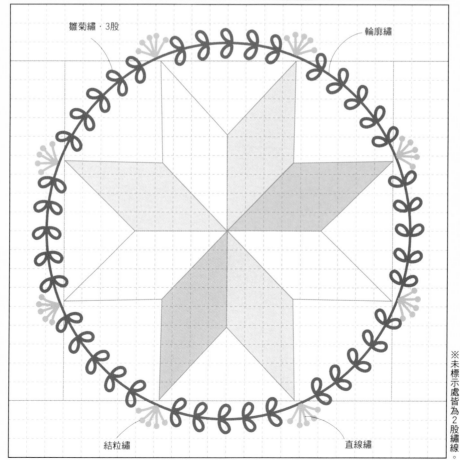

雛菊繡・3股

輪廓繡

結粒繡

直線繡

※未標示處皆為2股繡線。

# 53 蒔蘿&Log Cabin
## Dill Logcabin

在Log Cabin拼布（注：美國典型拼布構圖，為縱條與橫條交錯而成，也稱為「小木屋」）的中間裝飾刺繡圖案，比單純的拼布多了幾分優雅。蒔蘿和魚料理十分速配。在接近四個角的位置刺繡上一小束蒔蘿。

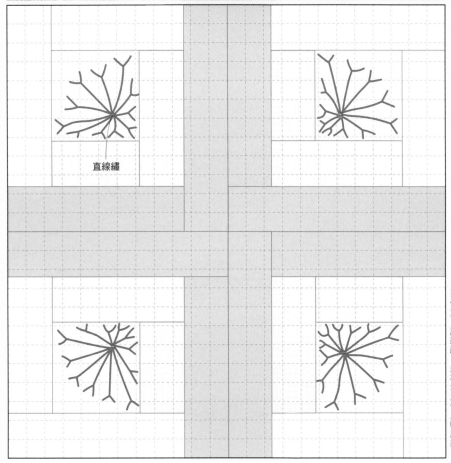

直線繡

※皆為2股繡線，未標示處使用輪廓繡。

# 54 曲線對曲線
## Curves & Curves

像是要將布塊切割開似地繡上流水狀的線條。左邊的刺繡是一開始先做直線繡，然後再用類似穿線平針繡的手法，將線挑起穿過去。此圖案應用在P79的萬用包。

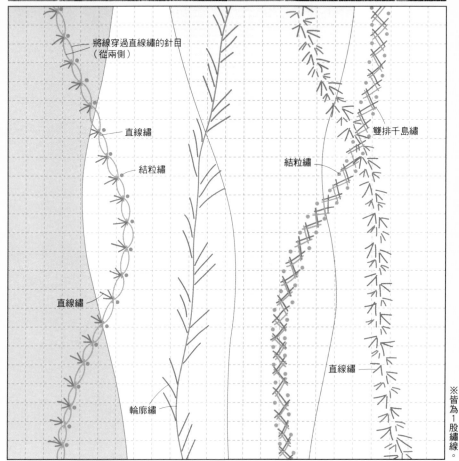

將線穿過直線繡的針目
（從兩側）

直線繡

結粒繡

直線繡

輪廓繡

雙排千鳥繡

結粒繡

直線繡

※皆為1股繡線。

# i

## 萬用包

因為是沒有側幅而左右稍長的包型，所以在圖案54的左側再拼縫布片，並做刺繡。這裡用到的都是一些基本的繡法，並不會太難。你也不必太在意圖案，只要一邊留意整體的平衡，一邊往下繡就可以了。

使用圖案⋯54（P78）

做法參閱　P201

# 55 方型刺繡
## Square Stitch

沿著布塊的四個角做平針繡,可以讓原本平淡的拼布塊變得更有味道。若覺得「又要拼布又要刺繡」真的好難,不如就從這個簡單的圖案著手,應該會輕鬆許多。

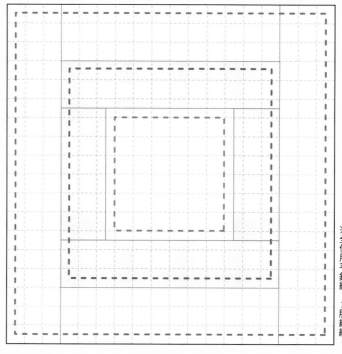

※全使用平針繡,2股繡線。

# 56 圓&虛線
## Circles & Dotted Lines

底布全部用平針繡填滿和只在圓形貼布縫上刺繡互為對照。
像這樣利用刺繡替布料換上不同的風貌,也挺有趣的。此圖
案應用在P82的側背包。

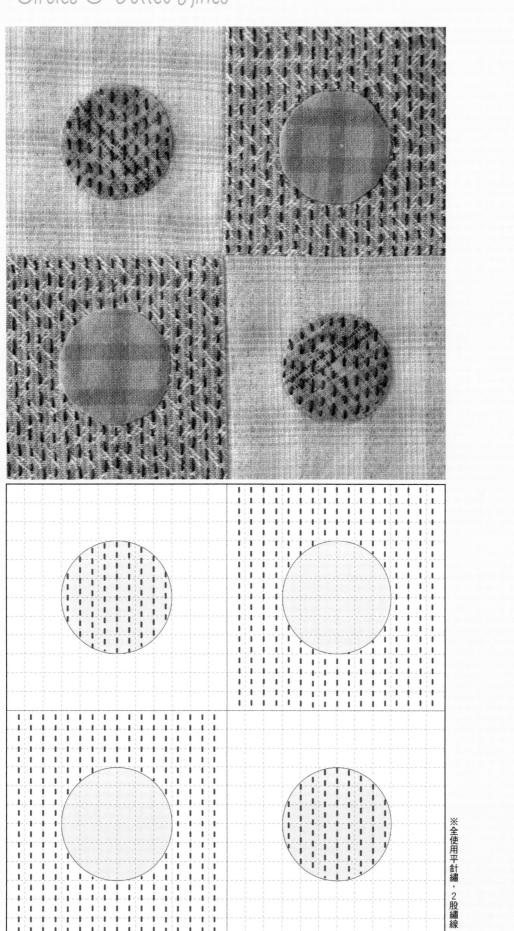

# j

### 側背包

將圖案56運用在側背包的包蓋上。刺繡的花
樣是直線條，為了注入變化，將車棉布上的
壓縫線置於橫向。至於包身則配合底布的花
紋，做縱向壓縫。薄薄的側幅與身體十分服
貼，是個好用的側背包。

使用圖案⋯**56**（P81）
做法參閱　P206

# 57 蜂巢
## Beehive

在單一幾何的圖案上，加入少許的刺繡，創造出全新的感
受。本作品是沿著六角形的接拼線，再以輪廓縫疊上一層六
角形圖案，以簡單的技巧營造出如錯視畫般的遠近感。

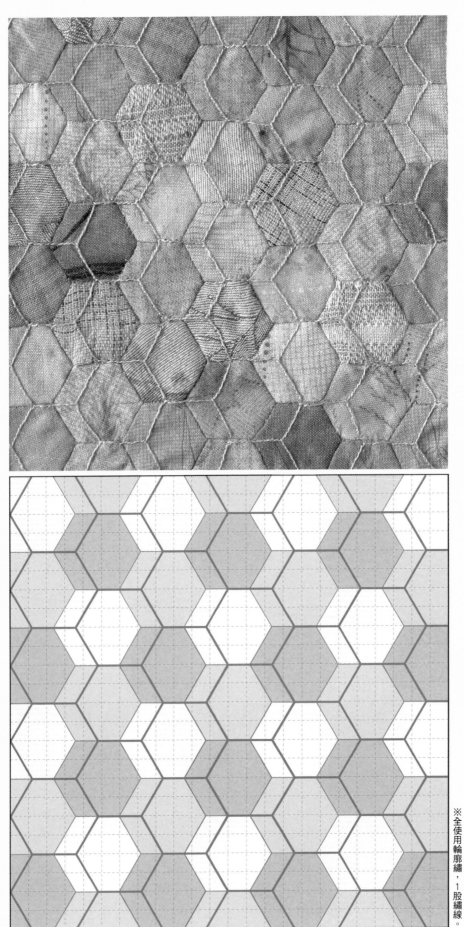

※全使用輪廓繡，1股繡線。

# 58 月桂樹之花
## Bay Tree Flower

在狀似七寶紋的桂樹圖案的交會點，點綴上白色小花。原本就很可愛的圖案，又多出一份獨特的手作氛圍。在雛菊繡繡成的花朵旁，加上少許的綠葉做襯托。

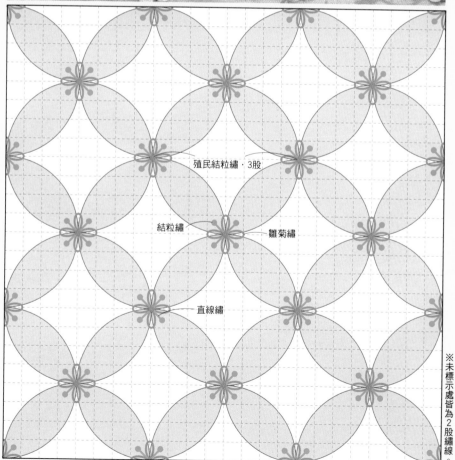

殖民結粒繡・3股

結粒繡

雛菊繡

直線繡

※未標示處皆為2股繡線。

# 59 小星星
## Small Stars

嘗試在20cm的方形拼布塊上,加入不同的圖案,以增添變化。首先登場的是在拼布塊的四角疊上雙十字繡。小巧的四角型布塊,搭配似灑落一地星星的簡單刺繡,顯得十分速配。也可如倒縫份的方式進行刺繡。

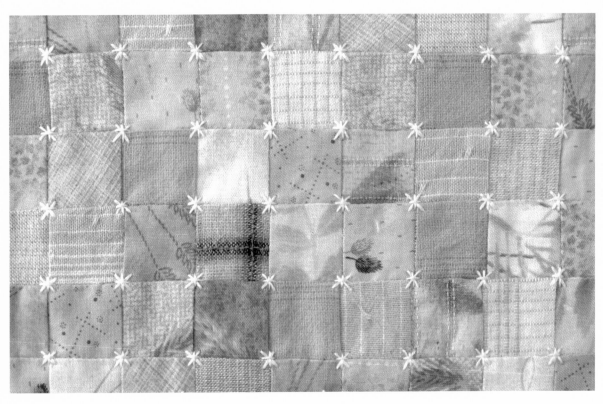

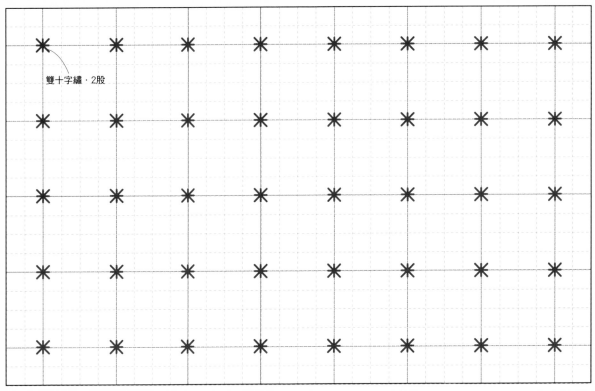

雙十字繡 · 2股

# 60 洋甘菊
## Chamomile

做法同圖案59，是帶有刺繡味道的圖案。
雛菊繡和殖民結粒繡一同在拼布塊上綻放
許多小花。而色調內斂的拼布塊，則將惹
人憐愛的洋甘菊襯托得更加立體。

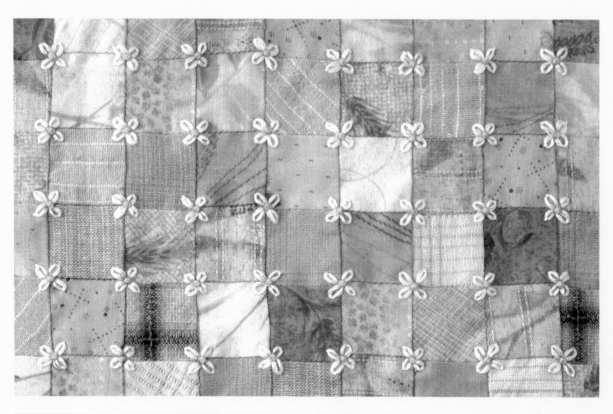

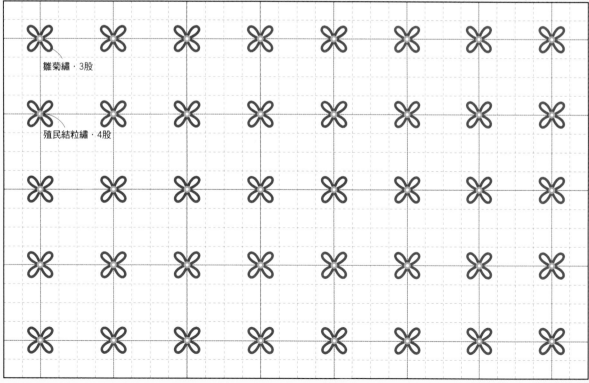

雛菊繡‧3股

殖民結粒繡‧4股

# 61 方形波紋
## Square Wave

沿著拼布塊的接縫處，用輪廓繡繡上方形波紋，看似要將拼布塊的四個角串連起來，賦與拼布塊嶄新的風貌。由於是連續性的圖案，建議應用在面積稍大的作品上。

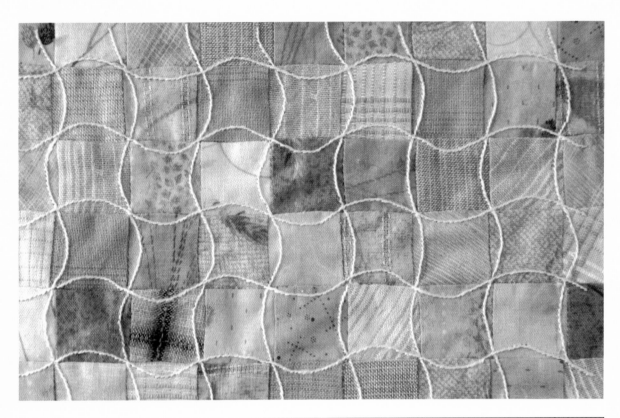

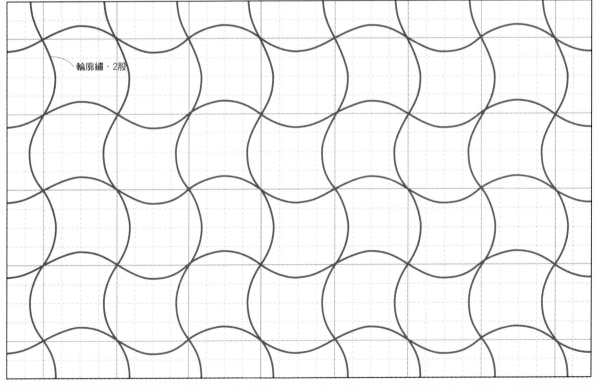

輪廓繡‧2股

# 62

## 十字&十字
### Cross on Cross

先壓縫再繡圖案。在菱格狀壓縫線的交會點疊上雙十字繡，技巧雖然簡單，但應用在大面積的作品上會有很不錯的效果。此圖案應用在P90的手提包。

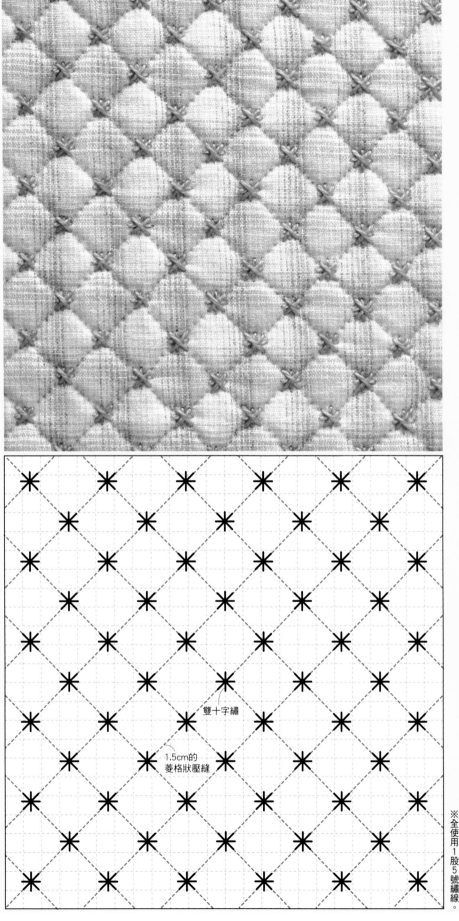

雙十字繡

1.5cm的
菱格狀壓縫

※全使用1股5號繡線。

# k
## 手提包

這是一款米色調的手提包。在格子狀車棉布的
包身繡上雙十字繡，縫褶襯處採用不蓬鬆的束
口設計。繡包口處的圖案時，盡量保持圖案的
連續性。最後加上金屬製的提把，增添率性氛
圍。

使用圖案···**62、102**（P89、P134）
做法參閱　P208

# 63 數字「0」
*Zero*

數字「0」是一個張得好大的嘴巴。此款設計以單純的線條繡出了插畫風的圖案。拼布中要表示日期或紀念日時經常會用到數字圖案,可依個人喜好任意組合。

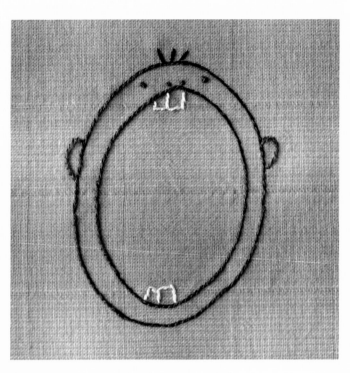

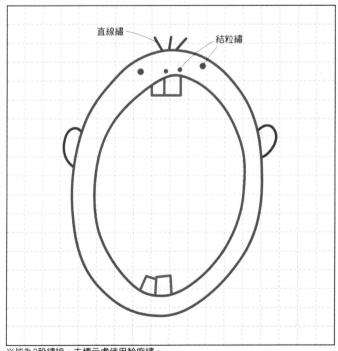

直線繡　　　　結粒繡

※皆為2股繡線,未標示處使用輪廓繡。

# 64 數字「1」
## One

把數字「1」比擬成樹幹，而為了要容易看出「1」的形狀，綠葉部分被簡化成單一造型。再搭配織有房子和月牙白圖案的底布，更添微妙的特殊氛圍。

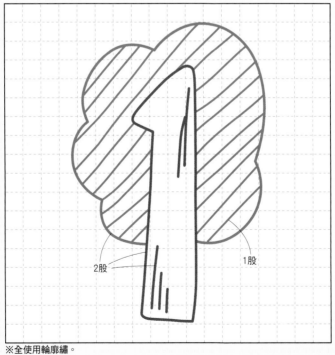

2股

1股

※全使用輪廓繡。

# 65 數字「2」
## Two

數字「2」是悠游於水中的天鵝。將伸著長長脖子的天鵝線條繡得漂亮一點。例圖是使用灰色系的繡線，如果底布的顏色更深，不妨改用白線。

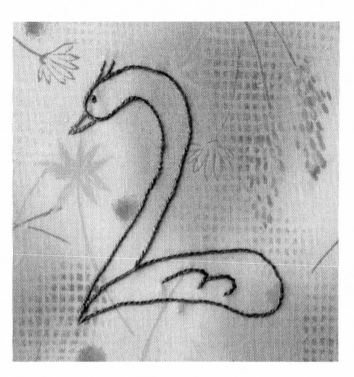

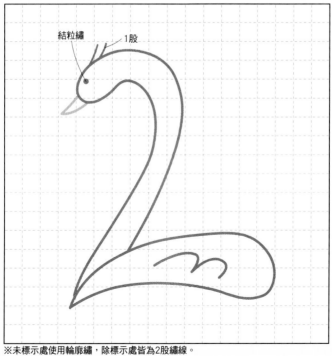

結粒繡　　1股

※未標示處使用輪廓繡，除標示處皆為2股繡線。

# 66 數字「3」

## Three

數字「3」採用貼布縫。先用同色系的繡線做貼布縫，四周再壓上毛毯繡，就可以將「3」拼貼得很漂亮。之後再點綴心型和補釘風的刺繡圖案。

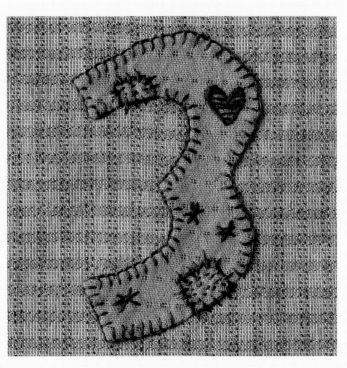

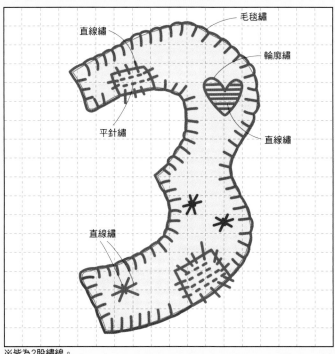

毛毯繡

直線繡

輪廓繡

平針繡

直線繡

直線繡

※皆為2股繡線。

# 67 數字「4」
## Four

數字「4」是灰色調的摩天大樓。繡出許多的四角窗框後,右下角再繡上行人,立刻凸顯出摩天大樓的雄偉、高聳。以簡單的線條勾勒這類圖案,饒富趣味性。

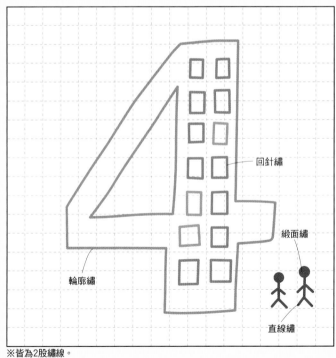

回針繡

緞面繡

輪廓繡

直線繡

※皆為2股繡線。

# 68

## 數字「5」
### Five

餒得扁扁的貓咪伸手抓向大魚，組合成數字「5」的圖案。只剩下骨頭的魚，代表貓咪已經餓得吃掉一條。貓咪的鼻子採用飛羽繡。

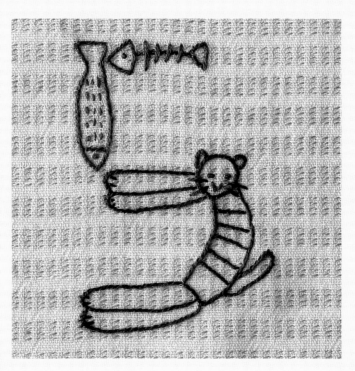

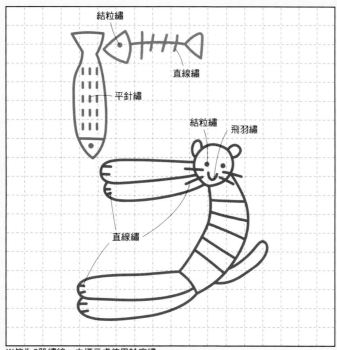

結粒繡

直線繡

平針繡

結粒繡　飛羽繡

直線繡

※皆為2股繡線，未標示處使用輪廓繡。

# 69

## 數字「6」
### Six

數字「6」是用平針繡堆疊出來的。由於希望保留圓圈部分的圈狀線條，所以最好和斜直線的部分分開刺繡，並使用與底布有強烈對比效果的繡線。

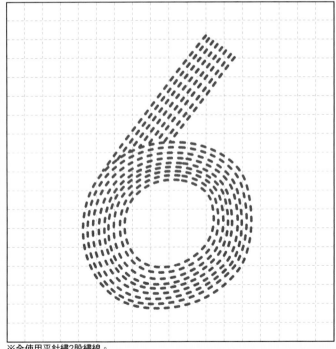

※全使用平針繡2股繡線。

# 70 數字「7」
## Seven

配合「7」的直線線條，設計出俐落的數字「7」造型。用5號繡線做輪廓繡，更能表現出線條的力道感。轉角的地方注意不要繡成了圓角。

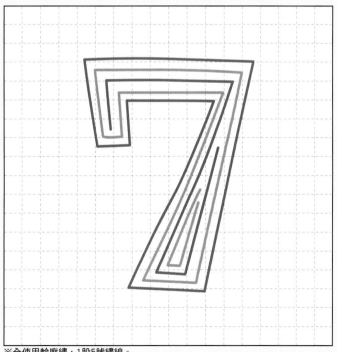

※全使用輪廓繡，1股5號繡線。

# 71

## 數字「8」
### Eight

數字「8」是由兩個「∞」組合而成。所謂穿線平針繡是在平針繡的針目間,如蛇行般交錯穿入其他顏色的繡線,而例圖是在平針繡的灰色針目兩側交叉穿線,狀似鎖鍊。

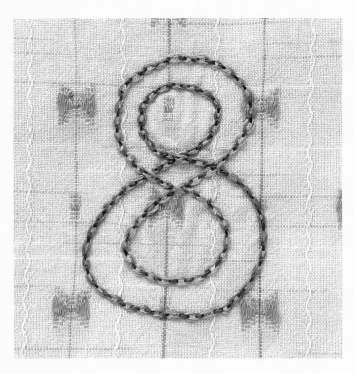

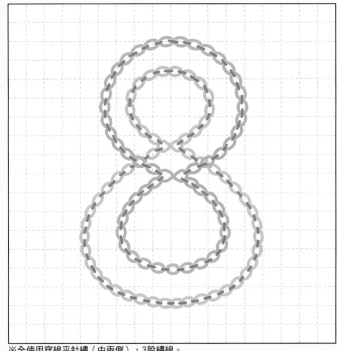

※全使用穿線平針繡(由兩側),3股繡線。

# 72 數字「9」
## Nine

數字「9」是由許多小花朵繫在一起的。組合羽毛繡與雛菊繡,刺繡出如花環般的橢圓造型。內圈橢圓的針目要比外圈的小,這樣才有平衡感。

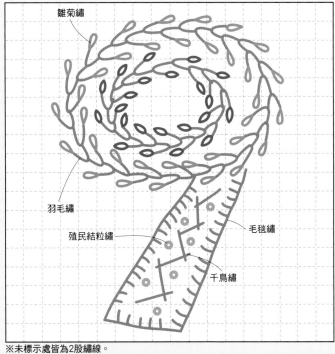

雛菊繡

羽毛繡

殖民結粒繡

毛毯繡

千鳥繡

※未標示處皆為2股繡線。

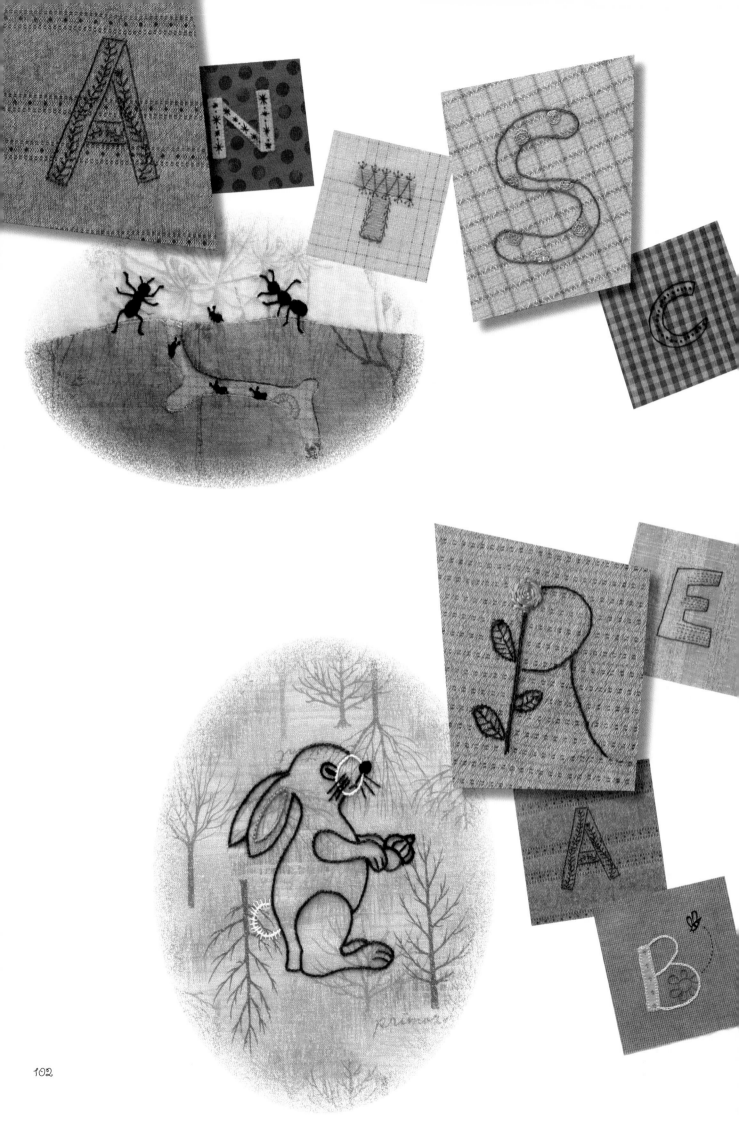

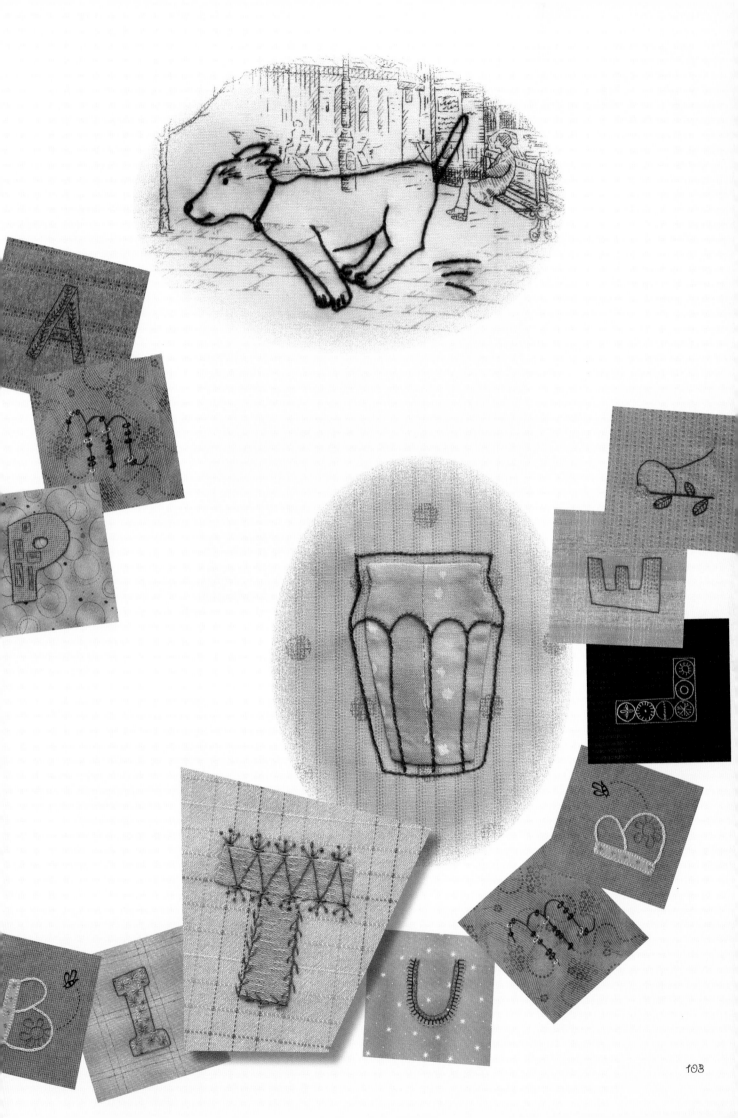

字母「A」
*A of the Alphabet*

可和數字一起運用的字母刺繡圖案。由於採用了各式各樣的繡法，若將二十六個英文字母併排刺繡，也會產生不同的趣味。第一個字母「A」是以蕨類繡裝點上野草般的圖案。

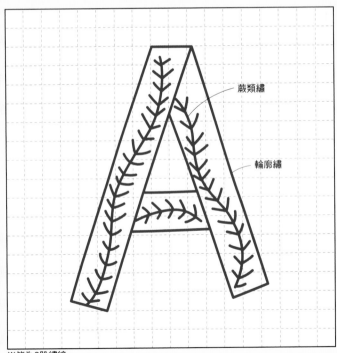

蕨類繡

輪廓繡

※皆為2股繡線。

## 字母「B」
### B of the Alphabet

「B」是「BEE」，所以採用蜜蜂為採蜜而飛向花朵的模樣。「B」的直線採貼布縫，布片裁剪成小花圖案是縱排的。底布配合小蜜蜂的造型而選用黃色系的法蘭絨布。

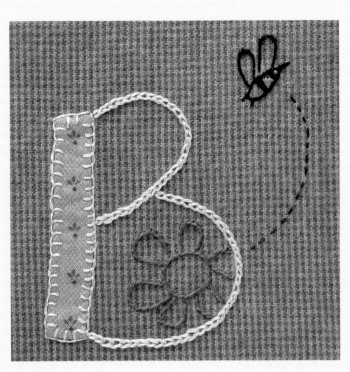

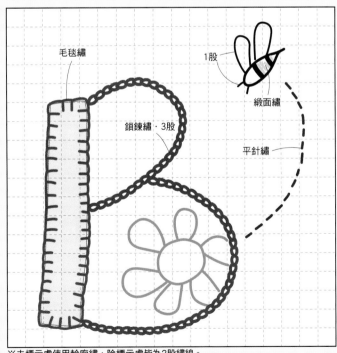

毛毯繡

1股

緞面繡

鎖鍊繡・3股

平針繡

※未標示處使用輪廓繡，除標示處皆為2股繡線。

## 字母「C」
### C of the Alphabet

以曲線描繪的「C」，殖民結粒繡配合字母的弧度在間距相等處繡出顆粒花紋。在藍色格紋布上選用能凸顯主題的深紅色繡線。

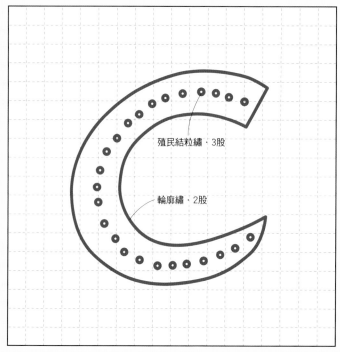

殖民結粒繡・3股

輪廓繡・2股

## 字母「D」
### *D of the Alphabet*

由「3D」的立體概念出發，用貼布縫設計成具有深度的字母「D」，並在貼布縫的旁邊加上輪廓繡，以創造出字母的立體感。

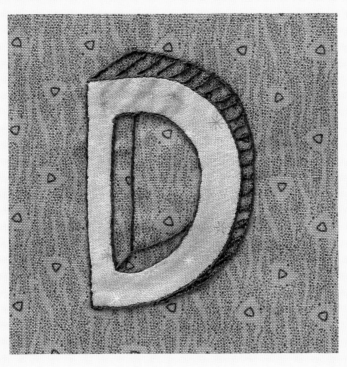

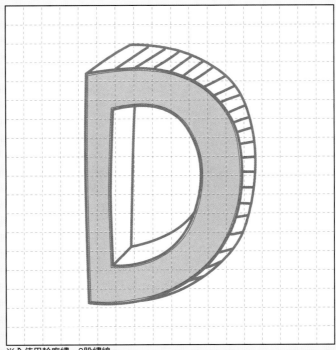

※全使用輪廓繡，2股繡線。

字母「E」

E of the Alphabet

在「E」的三條橫楣點綴上平針繡。彷彿要填滿整個橫楣似地從右到左繡上若干條短線。盡頭處故意繡得參差不齊,像是逐漸消失的模樣。

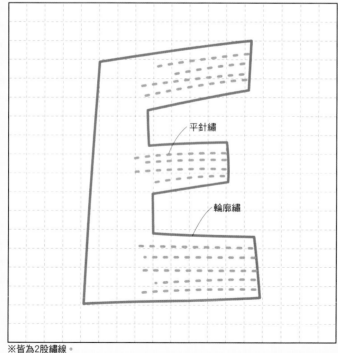

平針繡

輪廓繡

※皆為2股繡線。

# 78 字母「F」
## F of the Alphabet

「F」是「FRAMBOISE（覆盆子的法語，英文是raspberry）」，嘗試繡上長有紅色果實的覆盆子。本圖最大的特色為打破字母和格紋底布上平衡，略呈傾斜狀。底布挑選織有少許紅線的底布與果實相輝映。

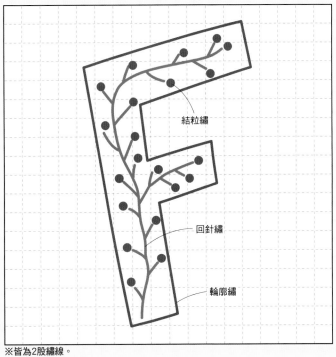

結粒繡

回針繡

輪廓繡

※皆為2股繡線。

字母「G」

*G of the Alphabet*

在貼布縫外熱鬧地加上輪廓繡、千鳥繡、雙十字繡。貼布縫的部分，先選擇與基本花紋同色系的線做立針縫，之後再疊上千鳥繡，效果挺不錯的喲！

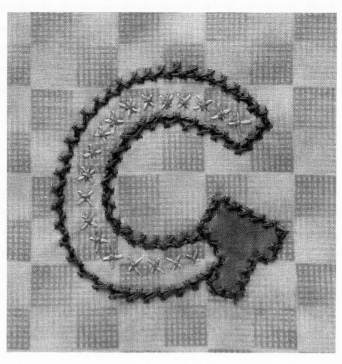

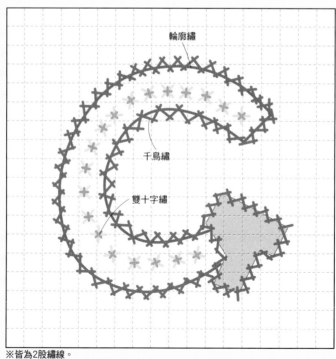

輪廓繡

千鳥繡

雙十字繡

※皆為2股繡線。

# 80 字母「H」
## H of the Alphabet

一提起「H」就聯想到「HOUSE」。房子用貼布縫，字母「H」則用毛毯繡繡成的磚瓦填滿。雖然很小，但再加根煙囪，房子的感覺就出來了。

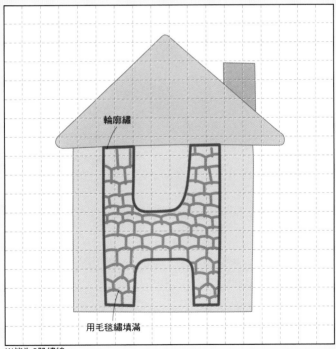

輪廓繡

用毛毯繡填滿

※皆為2股繡線。

# 81 字母「I」
## I of the Alphabet

以小花填滿「I」字母。綠色混染的25號繡線用直線繡加來表現花瓣。希望刺繡多個相同圖案又能有所變化時,不必更換繡線的混染繡線就十分方便。

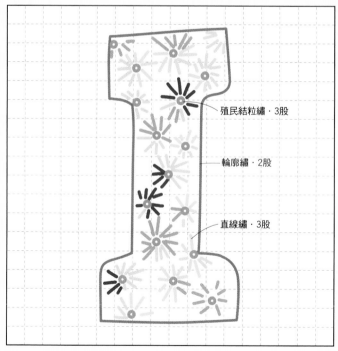

殖民結粒繡‧3股

輪廓繡‧2股

直線繡‧3股

# 82 字母「J」

## J of the Alphabet

飛鳥繡加十字繡和山形繡加殖民結粒繡，兩兩搭配刺繡出字母「J」。「J」的打勾部分是用斜裁的條紋布片拼貼而成的。

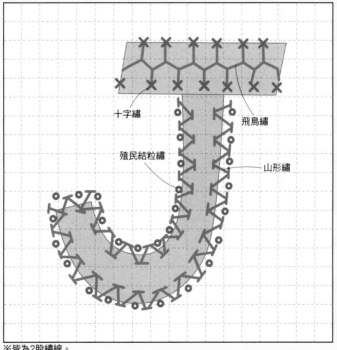

十字繡

飛鳥繡

殖民結粒繡

山形繡

※皆為2股繡線。

以刀、叉、匙圖案構成的字母「K」，因為「K」的筆劃都是直線，才能做這樣的設計。刀、叉、匙的圖案單獨擺放也很可愛，但三者搭配在一起就有了故事性，十分有趣。

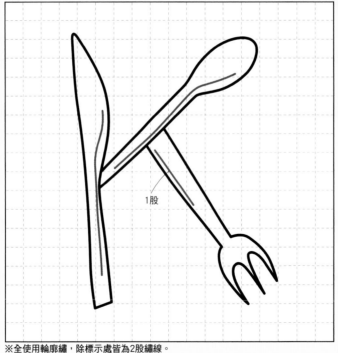

1股

※全使用輪廓繡，除標示處皆為2股繡線。

# 84 字母「L」
## L of the Alphabet

胖胖的字母「L」，裡面排列著六種圓形圖案。每個圓都只採用簡單的繡法，但一經組合後便注入一股新鮮感。配合「L」的線形，底布也選擇直條花紋。

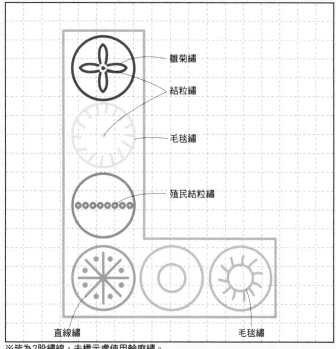

雛菊繡

結粒繡

毛毯繡

殖民結粒繡

直線繡

毛毯繡

※皆為2股繡線，未標示處使用輪廓繡。

## 字母「M」
### M of the Alphabet

在輪廓繡繡成的「M」上，套上幾個小圈環。為了能漂亮繡出小圈環的弧度，切記針目要細，同時要讓小圈環看起來具有立體感，像是繞到「M」的線條背後再轉回來。

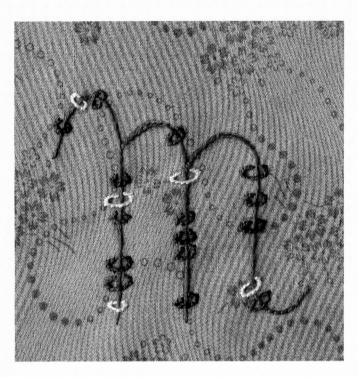

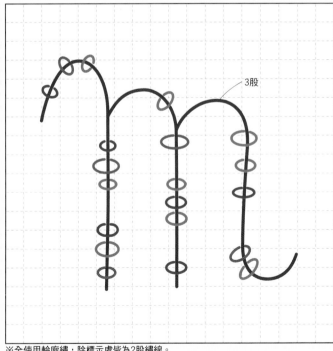

3股

※全使用輪廓繡，除標示處皆為2股繡線。

# 86 字母「N」
## N of the Alphabet

先拼貼好字母「N」中較細的斜線，接著兩旁再疊上較粗的直線。這兩條直線看起來比較靠近眼前，使整個圖案產生了立體感，並在貼布上刺繡以增添花樣。

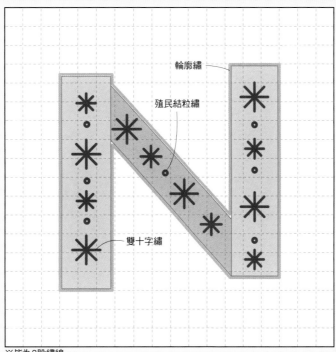

輪廓繡

殖民結粒繡

雙十字繡

※皆為2股繡線。

# 87 字母「O」
## O of the Alphabet

「O」是用藍色忘憂草串成的花環。兩根花梗要在橢圓花環的底部交錯，這是刺繡的重點。由於是以輪廓繡來勾勒出圖案的線形，建議用稍粗的線繡牢一點。

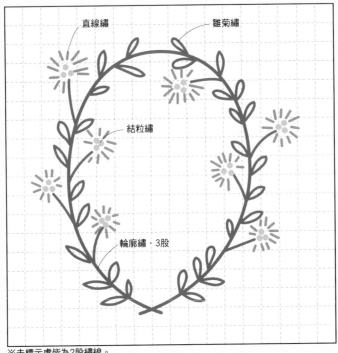

直線繡　雛菊繡

結粒繡

輪廓繡・3股

※未標示處皆為2股繡線。

# 88 字母「P」
## P of the Alphabet

先用貼布縫完成粗胖的字母「P」，再點綴上幾個四角形的刺繡圖案。貼布縫的四周加上輪廓線。整款設計和底布的肥皂泡泡花紋非常契合，散發普普藝術風。

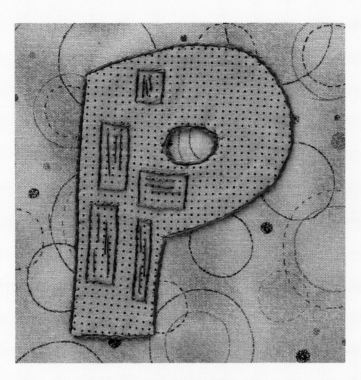

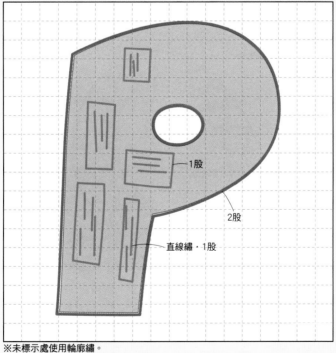

1股

2股

直線繡・1股

※未標示處使用輪廓繡。

## 字母「Q」

### Q of the Alphabet

利用格架繡填滿「Q」曲線中空部分，在縱橫線條的交會點上壓縫十字繡。底布也挑選與刺繡圖案有關的格紋布，但以不會干擾整個視覺效果的細格紋布為佳。

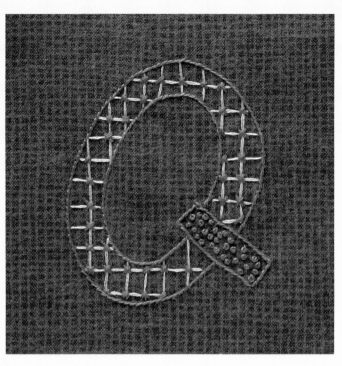

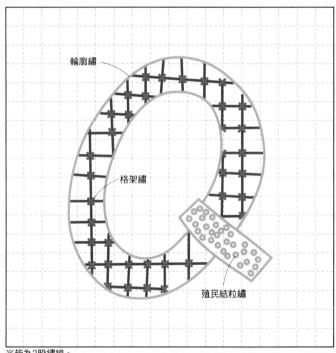

輪廓繡

格架繡

殖民結粒繡

※皆為2股繡線。

字母「R」

*R of the Alphabet*

在「ROSE」的第一個字母「R」上裝飾玫瑰花。這朵玫瑰要先繡上5條軸線,再將繡線上下、上下地穿過直線繡的軸線,沿著中心旋轉出花瓣的模樣。繡上葉片就像玫瑰花了。底布選用色調稍有差異的織布。

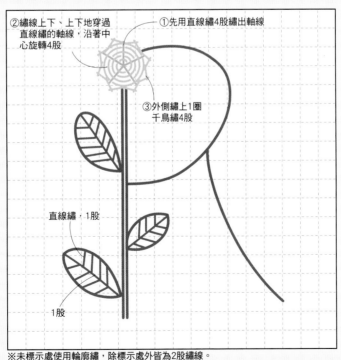

②繡線上下、上下地穿過直線繡的軸線,沿著中心旋轉4股

①先用直線繡4股繡出軸線

③外側繡上1圈千鳥繡4股

直線繡・1股

1股

※未標示處使用輪廓繡,除標示處外皆為2股繡線。

## 字母「S」
## S of the Alphabet

曲線設計的「S」，中空部分裝飾粉紅色與黃色的水珠，非常可愛。以鎖鍊縫從中心繞繡出圓形。方格花紋的底布與刺繡圖案稍呈傾斜。

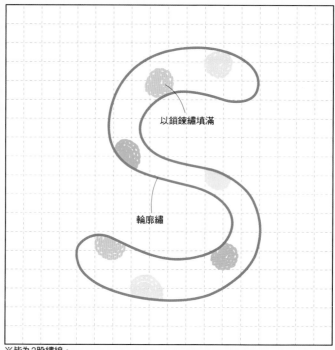

以鎖鍊繡填滿

輪廓繡

※皆為2股繡線。

# 92 字母「T」

## T of the Alphabet

字母「T」的直線與橫線，分別以不同的繡法做修飾。這裡的山形繡是繡成斜長線條，所以在中央壓縫一個不太起眼的針目。織入灰色系線條的底布，與圖案形成一體感。

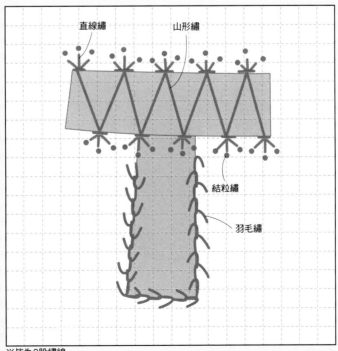

直線繡　　　　山形繡

結粒繡

羽毛繡

※皆為2股繡線。

# 93 字母「U」
## U of the Alphabet

利用鎖鍊繡、結粒繡、毛毯繡刺繡出「U」字型圖案。刺繡的重點在於相鄰的繡法要等間距排列，繡出漂亮的「U」型弧度。

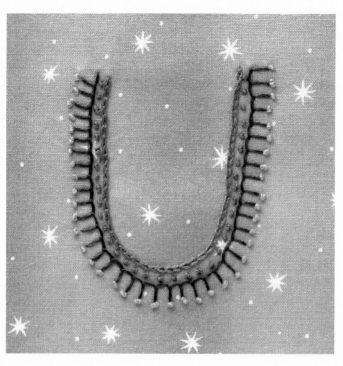

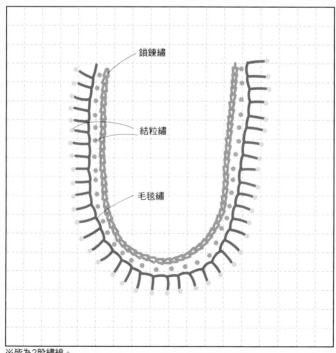

鎖鍊繡

結粒繡

毛毯繡

※皆為2股繡線。

字母「V」

*V of the Alphabet*

以輪廓線完成「V」的外框線，再以結粒繡刺繡小花圖案來填滿中空處。在顏色偏深的底布上，以單一的原色創造出簡約風格。

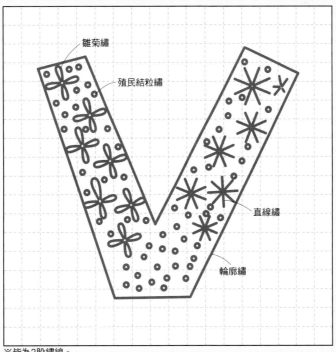

雛菊繡

殖民結粒繡

直線繡

輪廓繡

※皆為2股繡線。

# 95 字母「W」
## W of the Alphabet

以豐富的色彩帶出隨興感覺的「W」。使用粗的5號繡線，分別以不同的繡法繡出「W」的4條直線。底布選擇織目較疏的羊毛布。

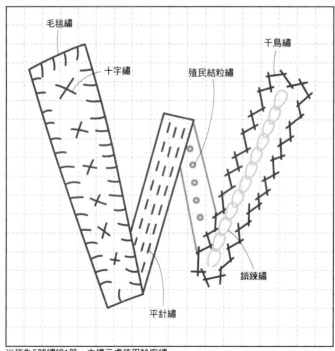

※皆為5號繡線1股，未標示處使用輪廓繡。

毛毯繡

十字繡

殖民結粒繡

千鳥繡

鎖鍊繡

平針繡

## 字母「X」
### X of the Alphabet

將尺和鉛筆圖案交錯成「X」。尺的刻度本來是等距的，圖案中的刻度則略顯歪斜，不過無所謂，這樣反而呈現出手繪風格。就抱持愉快的心情將它繡出來吧！

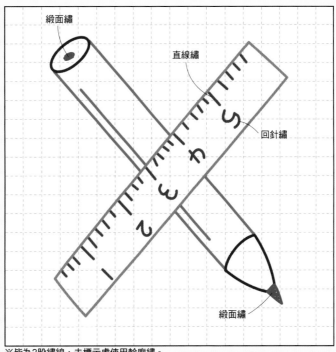

緞面繡

直線繡

回針繡

緞面繡

※皆為2股繡線，未標示處使用輪廓繡。

# 97

## 字母「Y」
### Y of the Alphabet

束在一起的麥子變成「Y」。麥穗部分採用雛菊繡，刺繡的重點在於止縫線環的針目要長一些，而且下面的穗花要比較長，越往上越短，整個麥穗才不會顯得頭重腳輕。

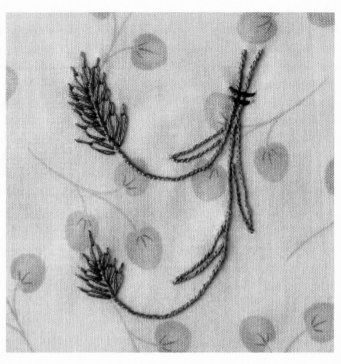

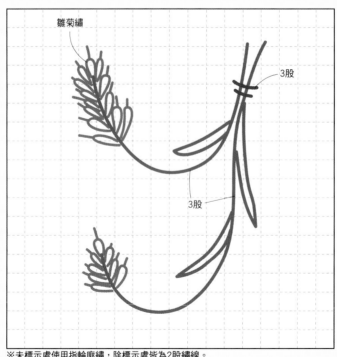

雛菊繡

3股

3股

※未標示處使用指輪廓繡，除標示處皆為2股繡線。

# 98 字母「Z」
## Z of the Alphabet

字母「Z」是由五線譜和「G」譜號構成。「G」譜號的曲線要繡出弧度。因為有沉穩印花底布的烘托,很有古典樂譜的氛圍。如果底布花俏一點,便可營造出不同的感覺。

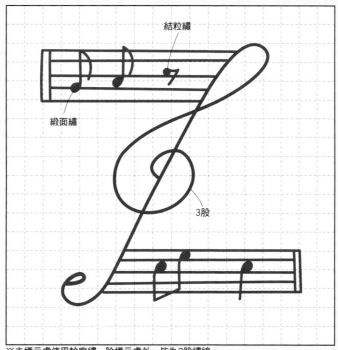

結粒繡

緞面繡

3股

※未標示處使用輪廓繡,除標示處外,皆為2股繡線。

# 99 廣播體操
## The Radio Gymnastics

圖案是配合口令「1」、「2」、「3」……來活動身體的體操動作。如果是要繡在更狹長的底布上，可重覆「1」到「8」的圖案，或加入新號碼，設計新的動作。此圖案應用在P131的鉛筆盒上。

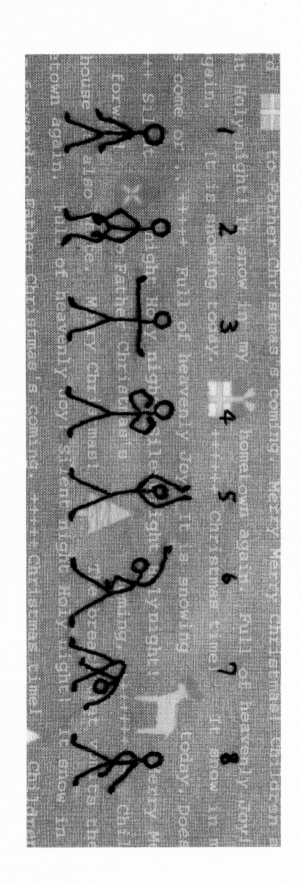

※全使用輪廓繡。

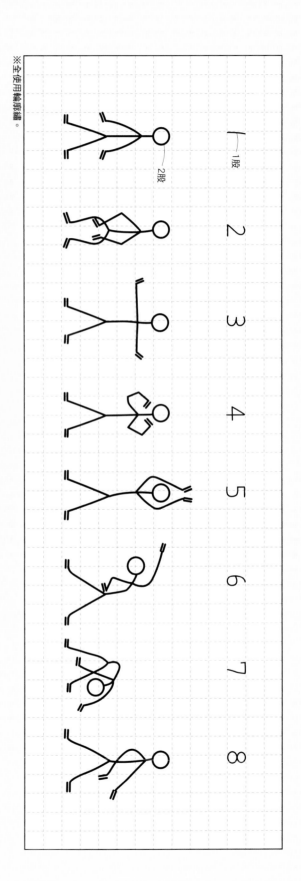

1段
2段

1
2
3
4
5
6
7
8

# 1
## 鉛筆盒

配合細長的橫幅圖案做成的鉛筆盒。底布配合
英文字母的走向，壓上橫條的壓縫線。另以輪
廓繡描繪的人物也一一在四周加上落針壓縫，
讓圖案看起來更加立體。就連掛在拉鏈上的貓
咪吊飾，也像在做體操。

使用圖案…**99**（P130）
做法參閱　P210

# 100

## 格紋上的十字繡
### Check on Cross

十字繡如果繡得大小一致且等距離，就會
非常好看。再利用雙色格紋布做十字繡，
做法就更簡單了。底布是更細的格紋時，
可將4格當作一目。

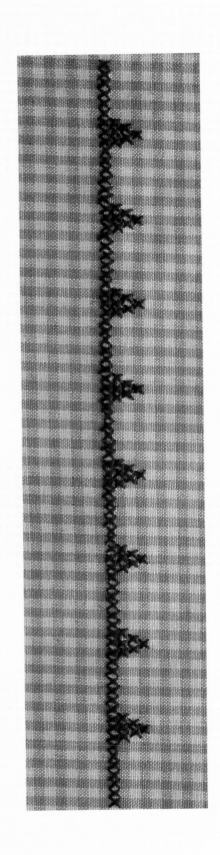

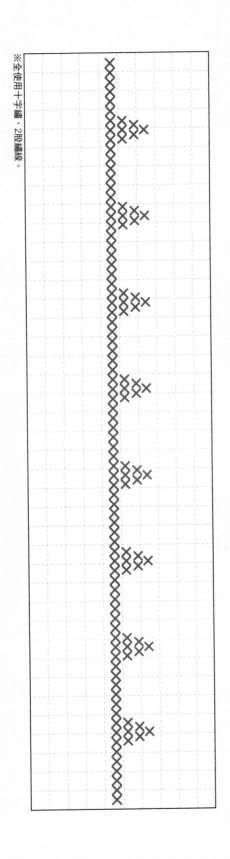

※全使用十字繡，2股繡線。

# 101 花朵鎖鍊
## Flower Chain

長長串在一起的鎖鍊圖案，經常用在窗櫺和邊框上。如果將底布的花樣或線條當成記號線，不但刺繡起來更容易，繡在布紋上的圖案也會生動許多。

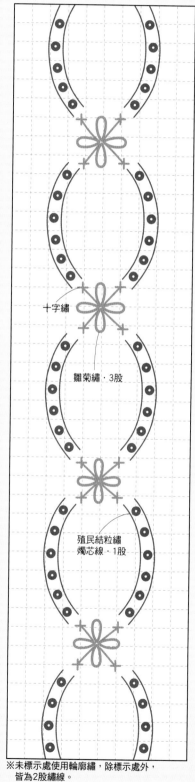

十字繡

雛菊繡・3股

殖民結粒繡
燭芯線・1股

※未標示處使用輪廓繡，除標示處外，
　皆為2股繡線。

# 102

## 鬱金香&蒲公英
### Tulip & Dandelion

芥末黃的結粒繡巧妙地將鬱金香與蒲公英串在一起。底部則是採用兩塊顏色相近的波浪布塊拼貼而成，在接縫處以羽毛繡點綴。此圖案應用在P90的手提包。

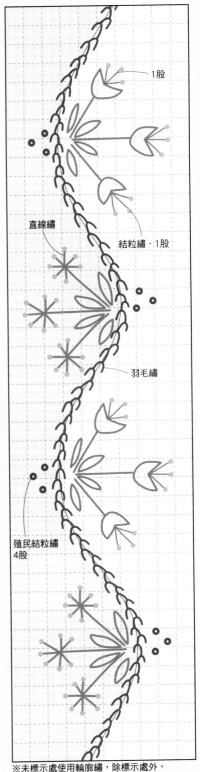

1股

直線繡

結粒繡·1股

羽毛繡

殖民結粒繡
4股

※未標示處使用輪廓繡，除標示處外，
　皆為2股繡線。

# 103

## 綠色花束
### Green Bouquet

藍色緞帶串連的花束。白色雙十字繡的中心點以紅線繡出止縫結，做成小花形狀。底布的布紋印有淡淡的常春藤花樣。此圖案應用在P147的束口包。

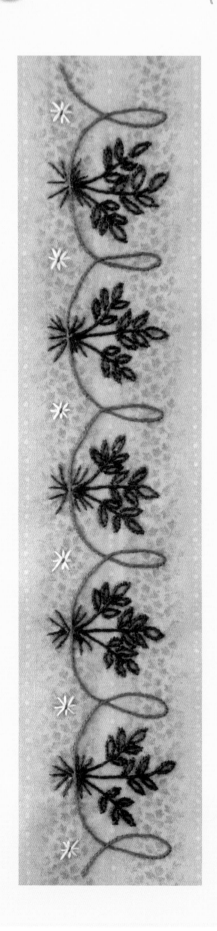

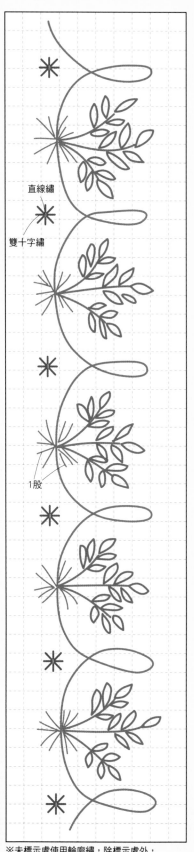

直線繡

雙十字繡

1股

※未標示處使用輪廓繡，除標示處外，皆為2股繡線。

# 104

我的小屋

*My Small House*

※全使用輪廓繡，3股繡線。

感覺上不論是位於正中央的小狗和狗屋，或旁邊陪襯的樹木、兩片葉子，以及電線桿（狗狗的最愛！）都是用同一條線勾勒出來的。由於是用單一種輪廓繡繡出的簡單圖案，搭配有蜜蜂飛舞的花底布，可以增添不少趣味性。此圖案用在P138的布書衣。

# m 布書衣

直接運用橫長狀的圖案做成布書衣。將書攤開，就可以知道圖案是從封面延伸到封底。輕薄的書衣較方便使用，所以不必做壓縫，輕輕鬆鬆就完成了。雖然做法這麼簡單，當成禮物送人倒是挺不錯的呢！

使用圖案···**104**（P136、P137）
做法參閱　P211

# n 長包

擁有大開口的長包，一拉開便可以清楚看見包內的各式物品，使用起來很方便。松果圖案以落針壓縫強調其渾圓的形狀。底布以隨性波形線條做壓縫，讓不規則的格子看起來像一片片的小松果。

使用圖案…**105**（P140、P141）
做法參閱　P212

# 105

松果

Pine Cone

1股

1股

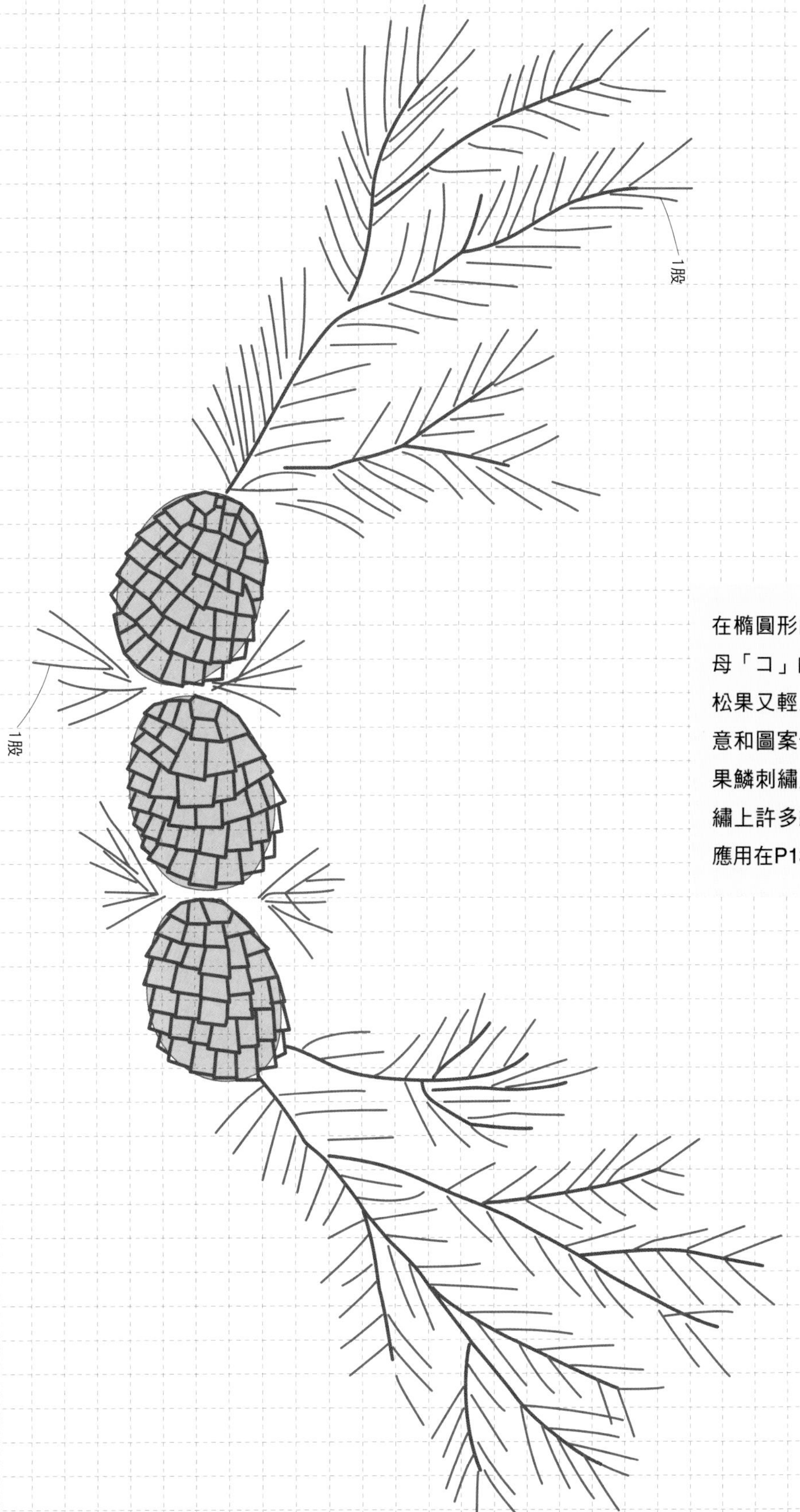

在橢圓形的貼布片上繡日文字
母「コ」的字形，藉以表現出
松果又輕又乾的感覺。與其在
意和圖案像不像，不如就將松
果鱗刺繡成魚鱗模樣，另外再
繡上許多細細的松葉。此圖案
應用在P139的長包。

# 106

白色聖誕紅

*Poinsettia*

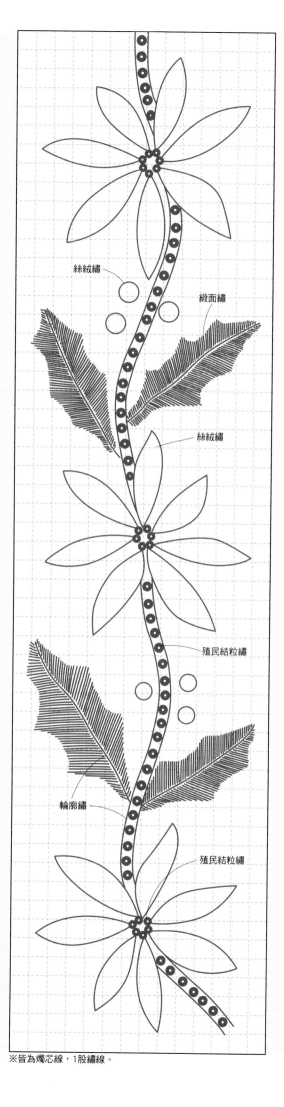

印象中聖誕紅一般都是紅色的，其實也有奶油白或粉紅色。加上異葉木犀的鋸齒狀葉片，以單一原色營造出白色聖誕的氣氛。用燭芯線做絲絨繡的方法，請參閱P185的說明。一定要挑戰一下，如此有份量又獨特的刺繡喔！

絲絨繡

緞面繡

絲絨繡

殖民結粒繡

輪廓繡

殖民結粒繡

※皆為燭芯線，1股繡線。

# 107

雞蛋花

Pagoda Tree

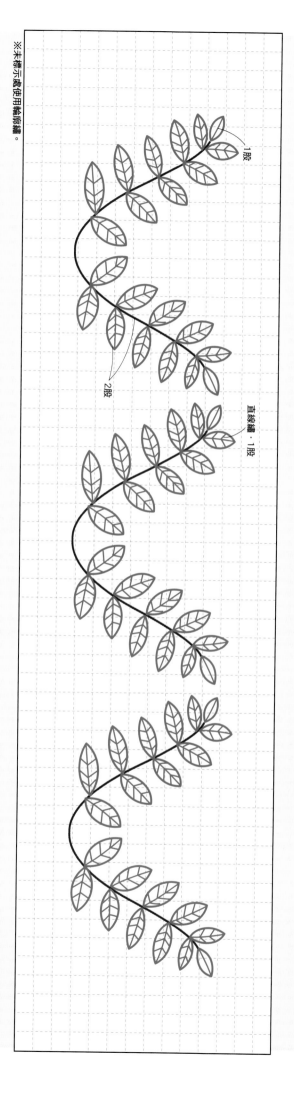

本書雖然描繪了幾種樹木或
植物的圖案，但本款是配合
「V」字型所設計──滿是葉片
的樹枝花樣。將幾個「V」型
樹枝花樣串成波浪狀，能創造
不錯的花邊效果。如果連接得
更長，就可以好好用在窗櫺或
邊框上。此圖案應用在P146的
迷你包。

※未標示處使用輪廓繡。

1股

2股

直線繡・1股

# O 迷你包

外型簡潔輕薄，附有短肩帶的迷你包，可以放
入大包包中當成小包包使用。本體沒有側幅，
前片的拉鏈袋底部有做暗褶。拉鏈頭掛上形似
緬梔葉片的吊飾與木珠。

使用圖案…**107**（P144、P145）
做法參閱　P214

# p

束口包

沒有側幅的縮口形束口包，袋口上特別設計了穿繩用圈環。為配合刺繡圖案中呈捲曲狀的青色線條，上下各拼貼了兩片具荷葉花邊的貼布縫。由於刺繡的花樣是連續的，所以布邊不刺繡到底，等縫成袋狀後再進行補繡，將花樣銜接起來。

使用圖案…**103**（P135）
做法參閱　P216

# 108

薊

*Thistle*

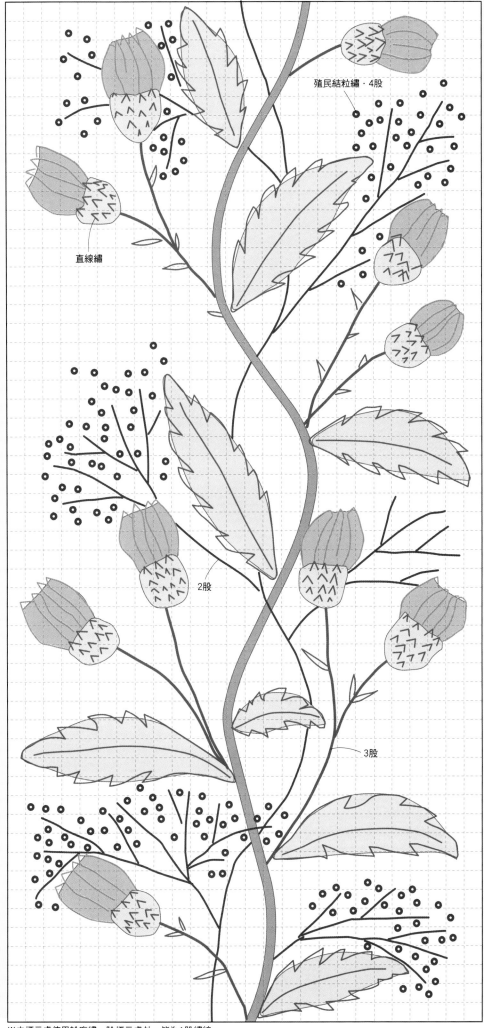

殖民結粒繡・4股

直線繡

2股

3股

先用貼布縫縫製薊的苞片、葉子，和斜紋布條的莖，接著從上方開始繡出花、棘，及葉子處鋸齒等細部圖案。可選用不同的印花布為花和莖注入變化。配合莖的捲曲度繡上白色霞草，讓整款設計更顯深度。底布挑選水彩畫風的花底印花布。

※未標示處使用輪廓繡，除標示處外，皆為1股繡線。

# 109

小彩虹

Small
Rainbow

在毛毯繡和羽毛繡等線狀刺繡間，裝點雛菊繡、結粒繡和直線繡等圖案。各式各樣的刺繡在貼布縫做成的拱門間穿梭、追逐。此圖案應用在P152的迷你提籃。

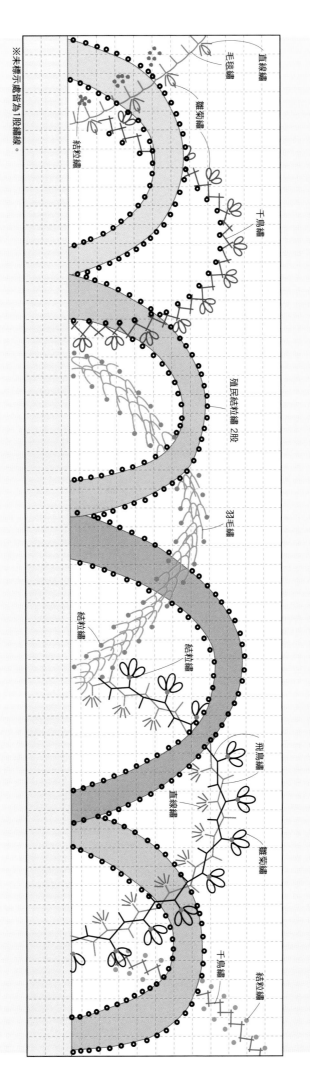

直線繡
毛毯繡
雛菊繡
結粒繡
千鳥繡
殖民結粒繡 2股
羽毛繡
結粒繡
結粒繡
飛鳥繡
直線繡
雛菊繡
千鳥繡
結粒繡

※未標示處皆為1股繡線。

# q

## 迷你提籃

組合若干種繡法加以運用，是在裝飾瘋狂拼布時（註：沒有特定規則，依喜好隨意的拼接），經常會用到的技巧。在點描風的底布上以低調的顏色細膩地刺繡，呈現出的就是這般優雅的氣質。由於是筒狀的包身，為了讓圖案能夠相互銜接，必須延伸圖案兩側的刺繡，貼布也要增加一個圖案的分量。

使用圖案⋯**109**（P150、P151）
做法參閱　P218

# 110

鐵線蕨

*Adiantum*

鐵線蕨有許多類似銀杏的小葉子，是清涼的觀葉植物。莖部的輪廓繡為綠色和茶色並用，綠葉為貼布縫，再加上彷彿要將空間填滿的針狀蘆筍葉。此圖案應用在P158的提包。

2股

1股

3股

1股

※全使用輪廓繡。

玻璃瓶內滿滿的綠葉和花朵，展現活潑生命力。稍微錯開貼布與刺繡的圖案，表現出葉子和果實，既可營造遠近感，且有讓數量看起來比較多的效果。至於漂亮的莖則是裁切斜紋布再做貼布縫。建議挑選能襯托植物鮮活透明感的布料。此圖案應用在P159的肩背包。

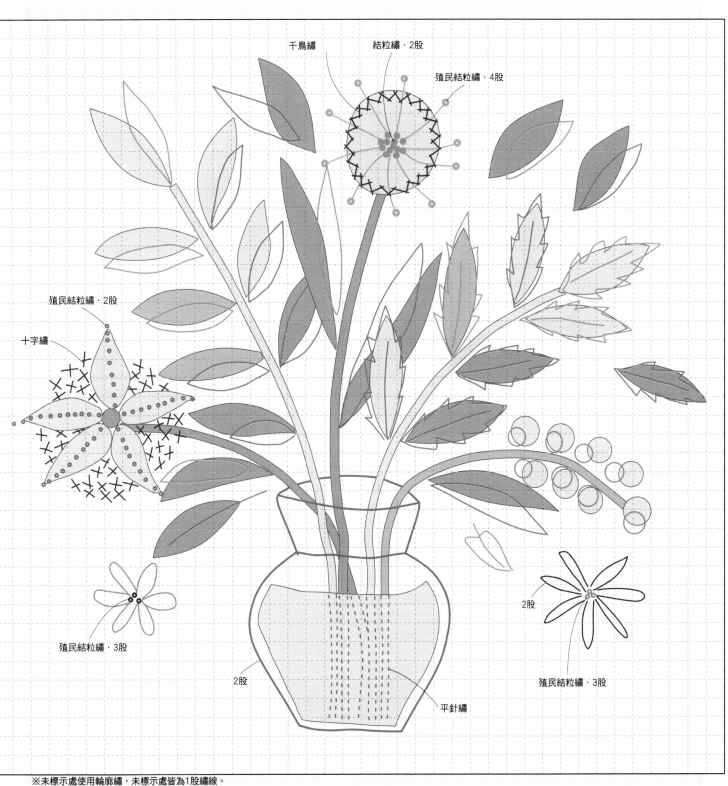

千鳥繡

結粒繡・2股

殖民結粒繡・4股

殖民結粒繡・2股

十字繡

2股

殖民結粒繡・3股

2股

平針繡

殖民結粒繡・3股

※未標示處使用輪廓繡，未標示處皆為1股繡線。

# r 提包

鐵線蕨的四周環繞著巧小的三角形布片,是個色調穩重的提包。為避免晃動而緊貼在袋口的木製的提把,既牢實又好握。側幅貼上布襯再以縫紉機壓縫,做得堅固些才不易變形。

使用圖案…**110**(P154、P155)
做法參閱　P220

# S 肩背包

在前後片的底部加上暗褶，將整個包包縫製成
圓滾狀。側幅和提把所使用的駝色條紋織入了
白色棉粒，且在刺繡圖案的四周也鑲上一圈殖
民結粒繡，與其相呼應。

使用圖案…**111**（P156、P157）
做法參閱　P222

用貼布縫和刺繡做出了九款造型的房屋，其中有兩種底布是九款共用的，一是作為房子背景的樹木圖案印花布，二是作為地面部分的駝色細條紋布。首款呈現的是小木屋風格的尖頂屋。翻至P168、P169，可以看到由九種圖案拼接而成的壁掛。

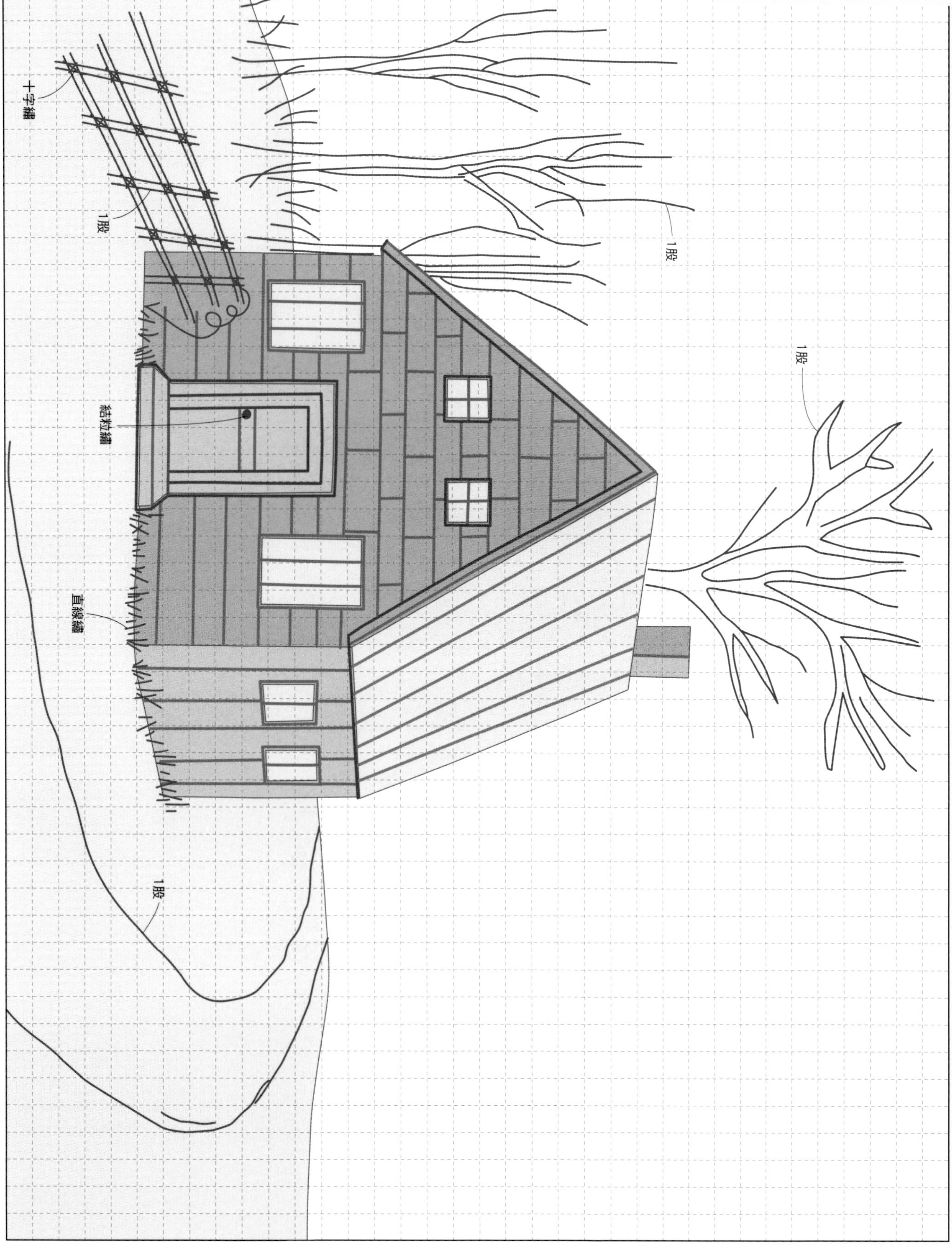

十字繡
1股
結粒繡
直線繡
1股
1股
1股


※未標示處使用輪廓繡，除標示處外，皆為2股繡線。

# 113

房子 – II

*House* – II

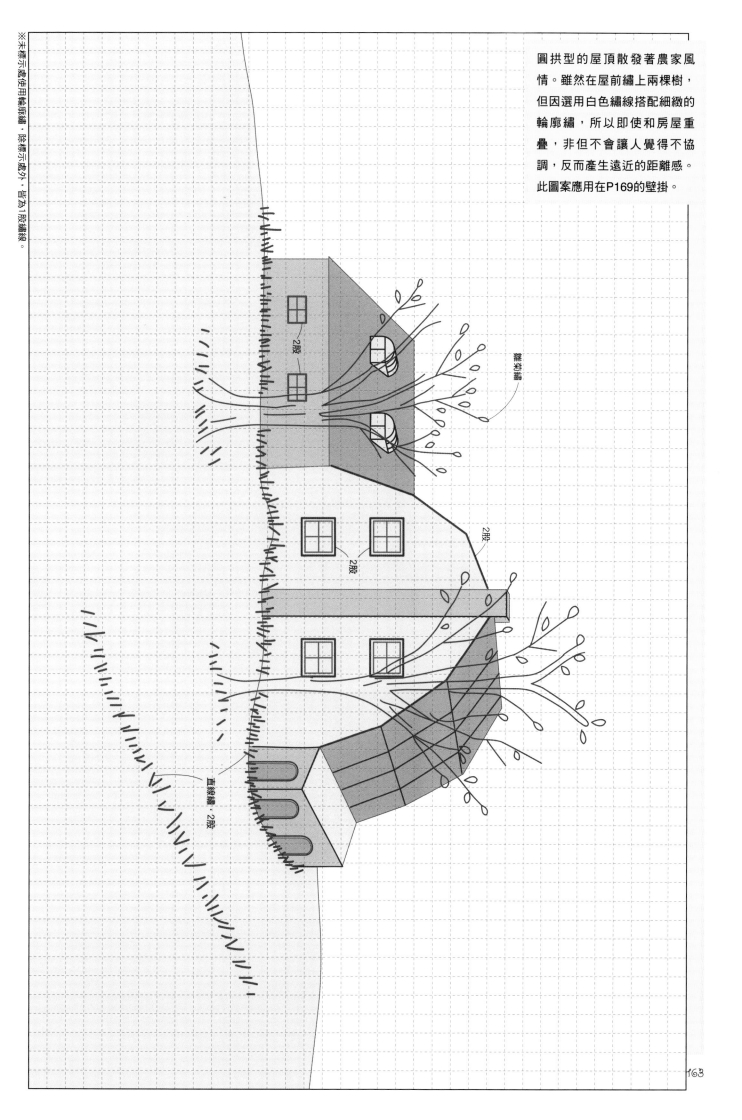

圓拱型的屋頂散發著農家風情。雖然在屋前繡上兩棵樹，但因選用白色繡線搭配細緻的輪廓繡，所以即使和房屋重疊，非但不會讓人覺得不協調，反而產生遠近的距離感。此圖案應用在P169的壁掛。

※未標示處使用輪廓繡，除標示處外，皆為1股繡線。

雛菊繡

2股

2股

2股

2股

直線繡·2股

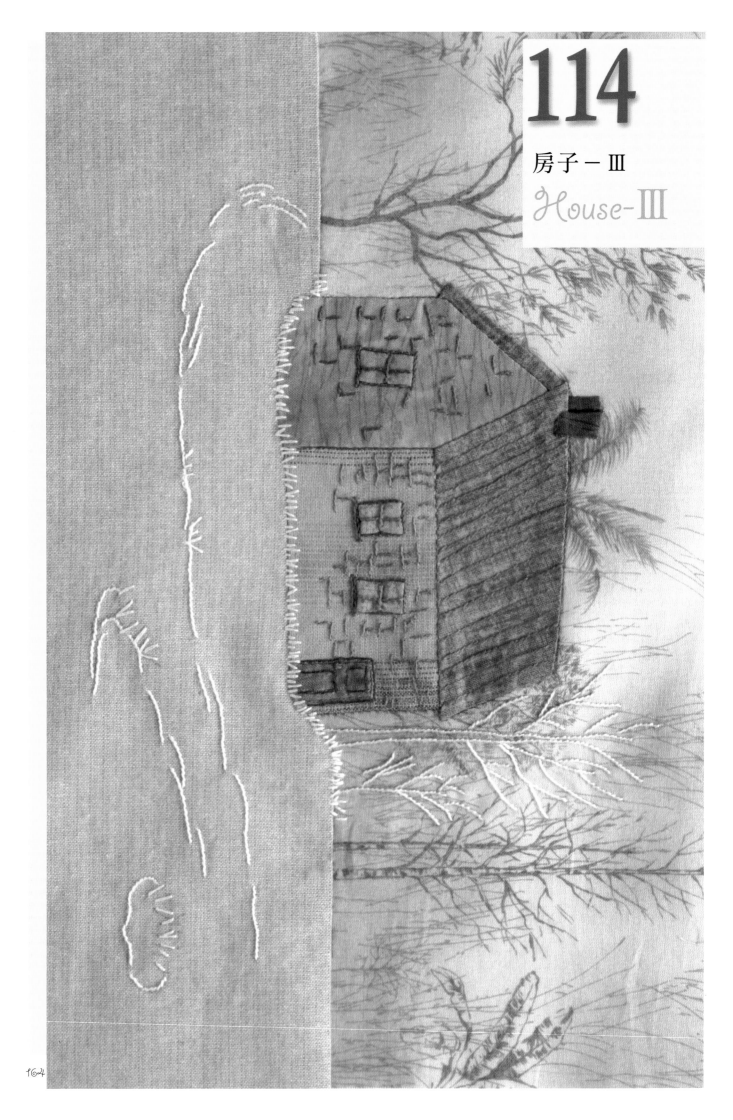

114

房子－Ⅲ

House-Ⅲ

造型簡單，只在牆壁部分裝點了些許的刺繡，就變成了一間磚造屋。大片的屋頂是在貼布的上加入刺繡縫製出來的，而布片的布紋稍微錯開拼縫，效果更逼真。此圖案應用在P169的壁掛。

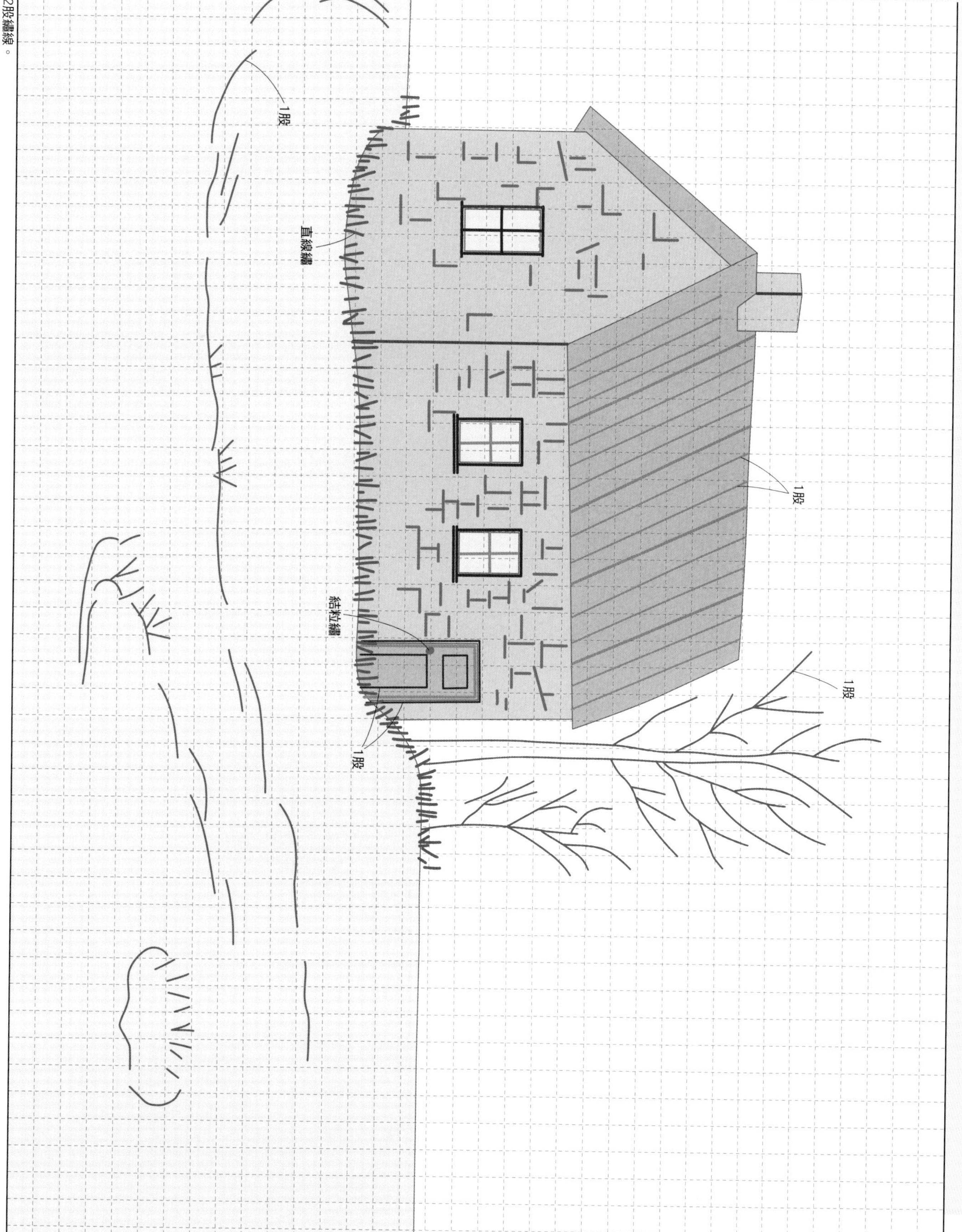
1股
直線繡
1股
1股
結粒繡
1股

※未標示處使用輪廓繡，除標示處外，皆為2股繡線。

# 115

房子－Ⅳ

*House-IV*

形狀各不相同的大小房子緊挨
在一起。更換屋頂的布塊，再
繡出各式的窗子，而屋後所繡
的高大樹木是樅樹。此圖案應
用在P169的壁掛。

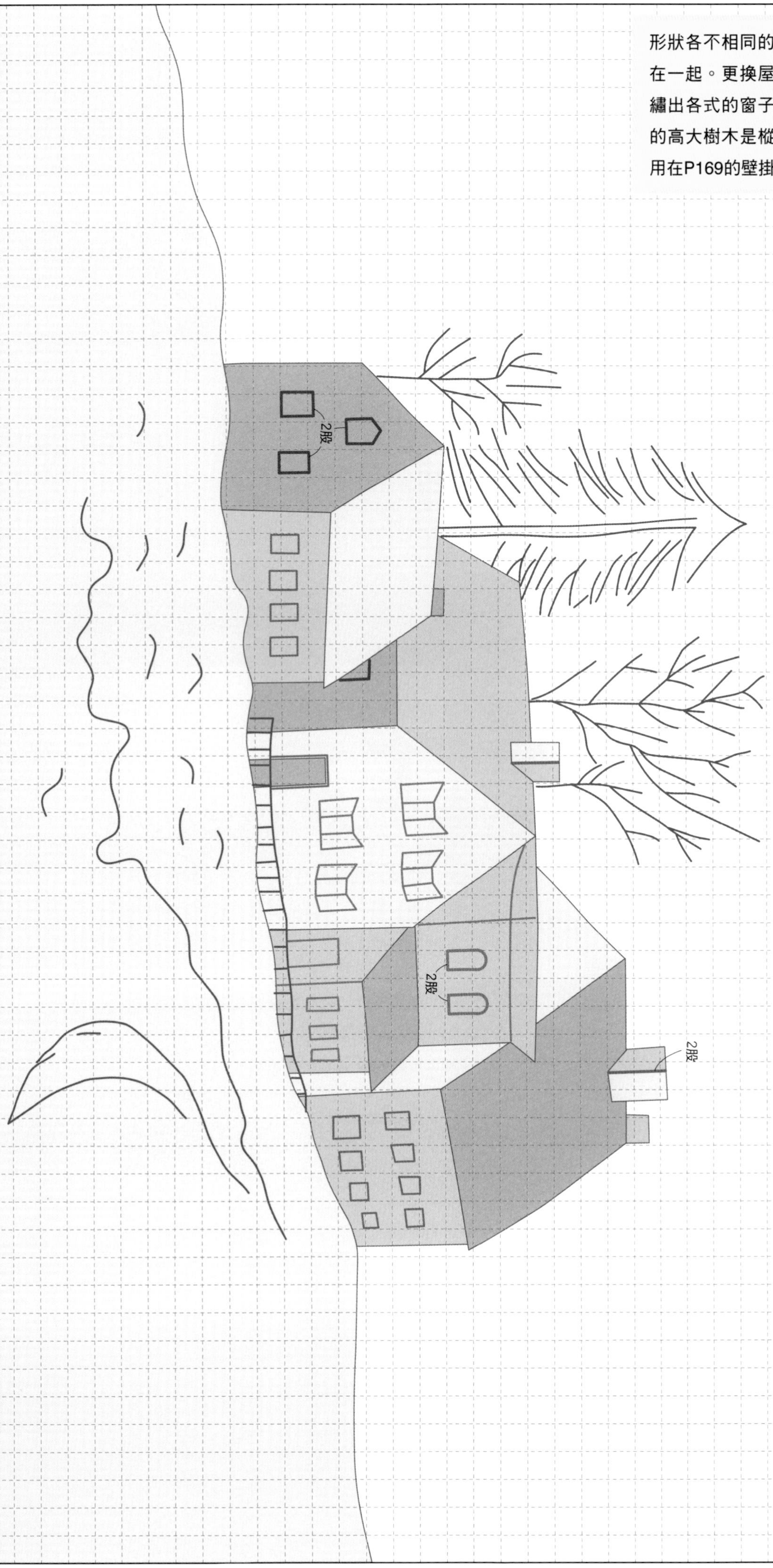

2股

2股

2股

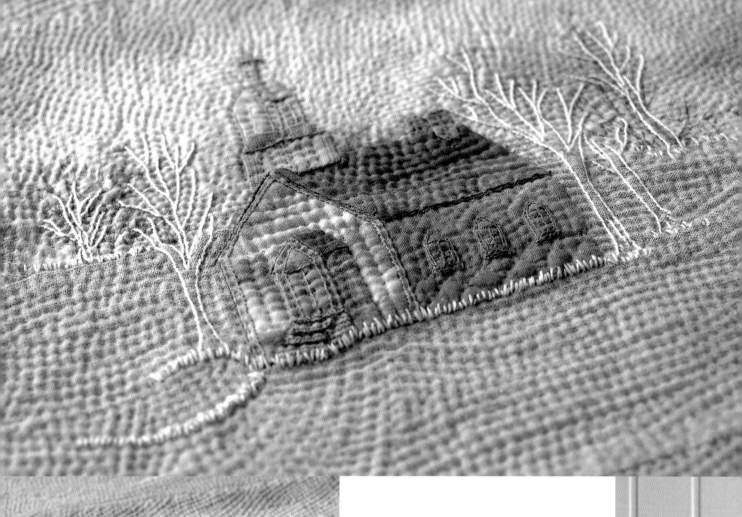

壁掛

拼縫九種房屋圖案，勾勒平和鄉村景致的壁
掛。樹木、道路和圍欄等纖細的刺繡處都做落
針壓縫，凸顯立體感。底布壓縫上自然流動的
線條，只要改變天空和地面的流動方向，就能
增添變化。貼布縫在與相鄰拼布塊拼縫時，盡
可能縫得漂亮些。

使用圖案…**112至120**
　　　（P160至P167、P170至P179）
做法參閱　P213

房子－V

*House-V*

前庭被刺繡的柵欄圍住，小屋則供馬、牛居住，一幅悠閒農家畜舍的畫面。房子和地面的交界處，長滿以直線繡繡成的茂盛短草。此圖案應用在P169的壁掛。

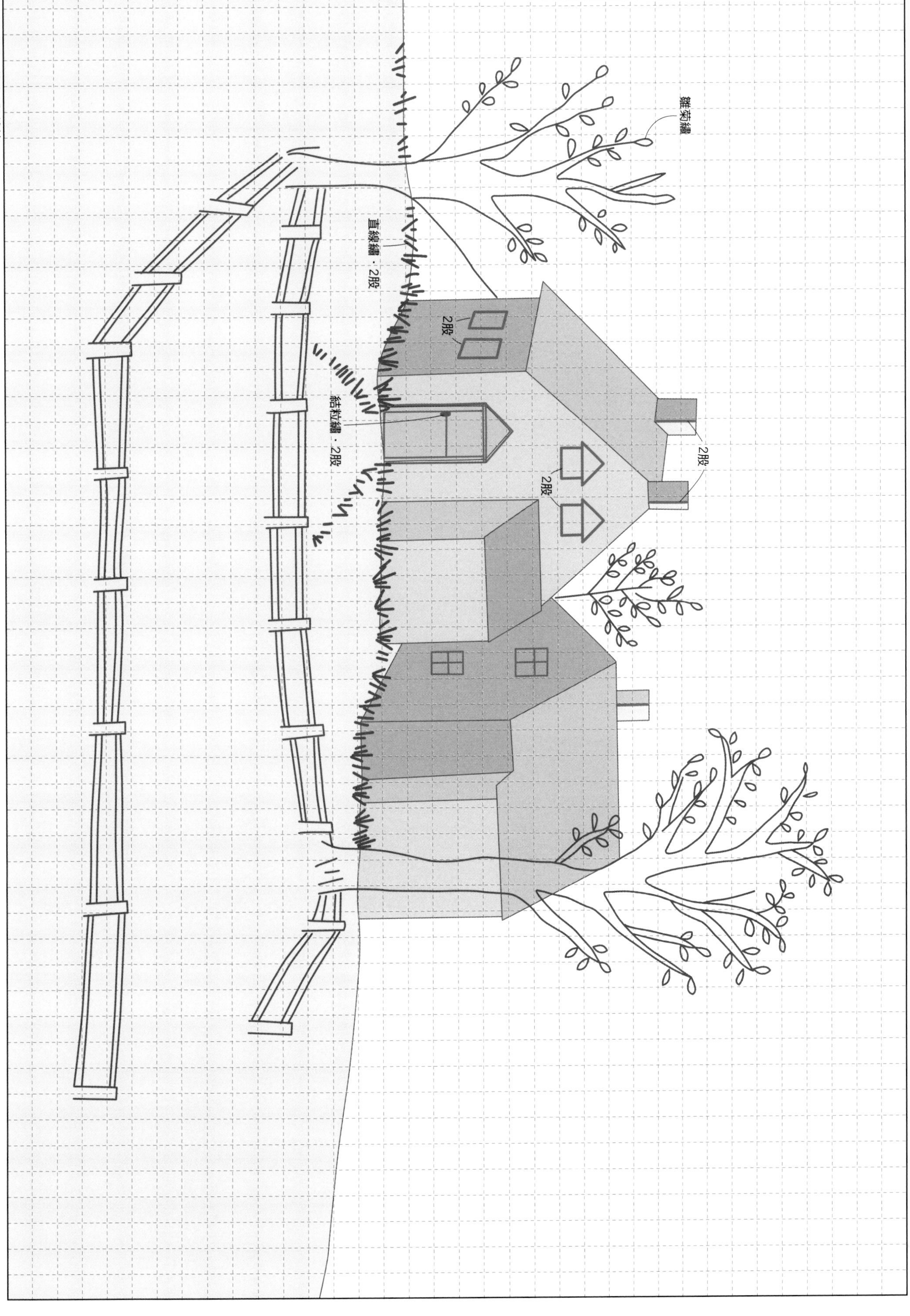
雛菊繡
直線繡・2股
2股
結粒繡・2股
2股
2股


※未標示處使用輪廓繡，除標示處外，皆為1股繡線。

# 117

房子－VI

*House-VI*

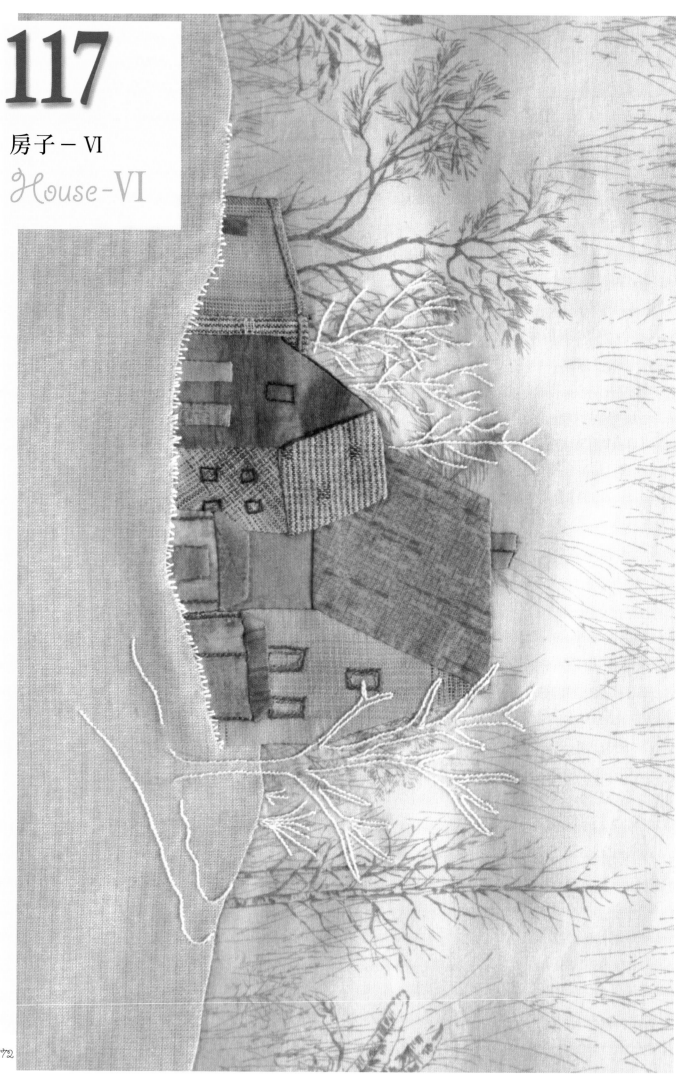

這是一幢擁有附屋簷的露台及日光屋的房子。幾棵小樹點綴在屋旁。繡成彎曲狀的小路轉入屋後，還看不到盡頭。此圖案應用在P169的壁掛。

※未標示處使用輪廓繡，除標示處外，皆為2股繡線。

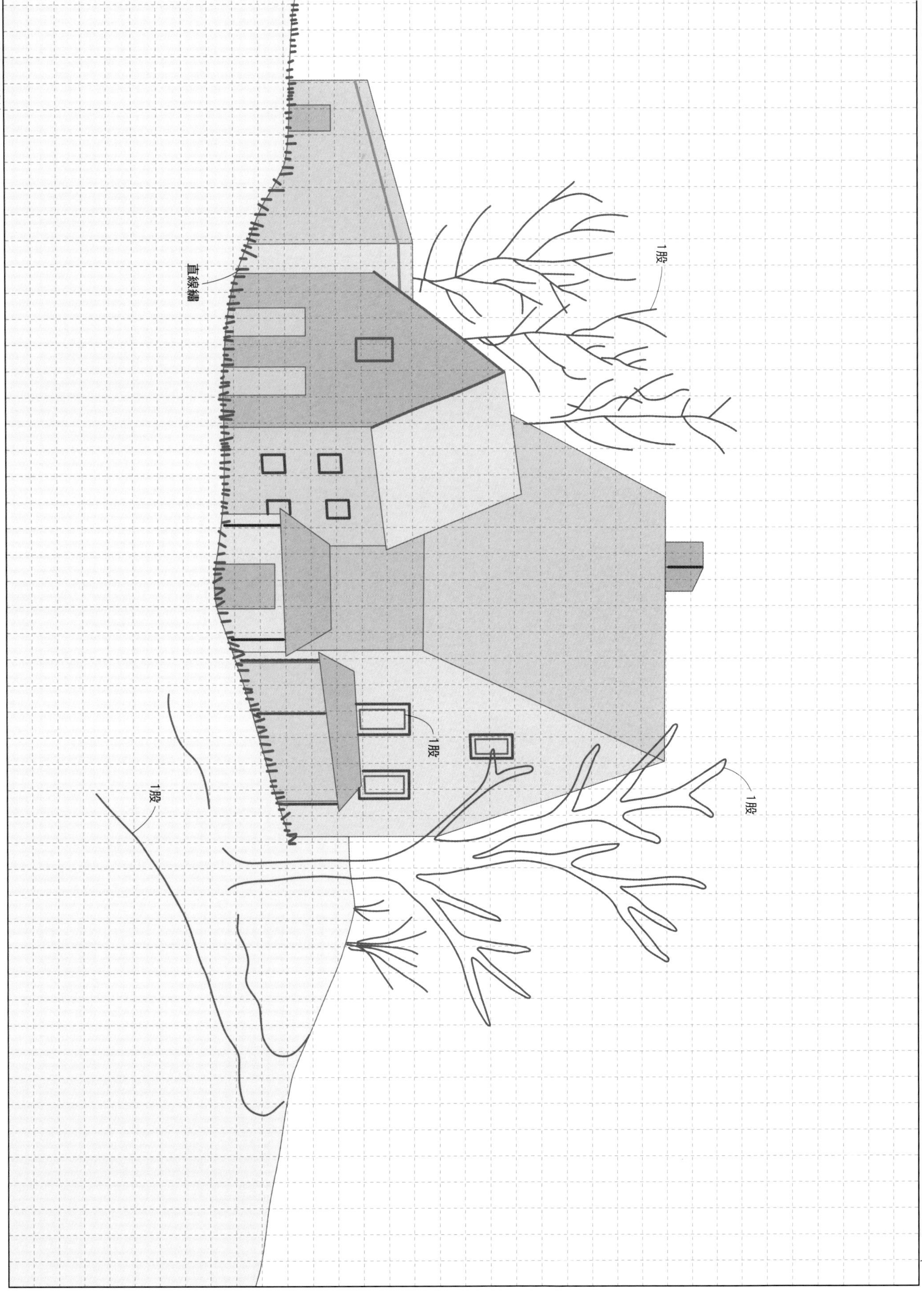

直線繡

1股

1股

1股

1股

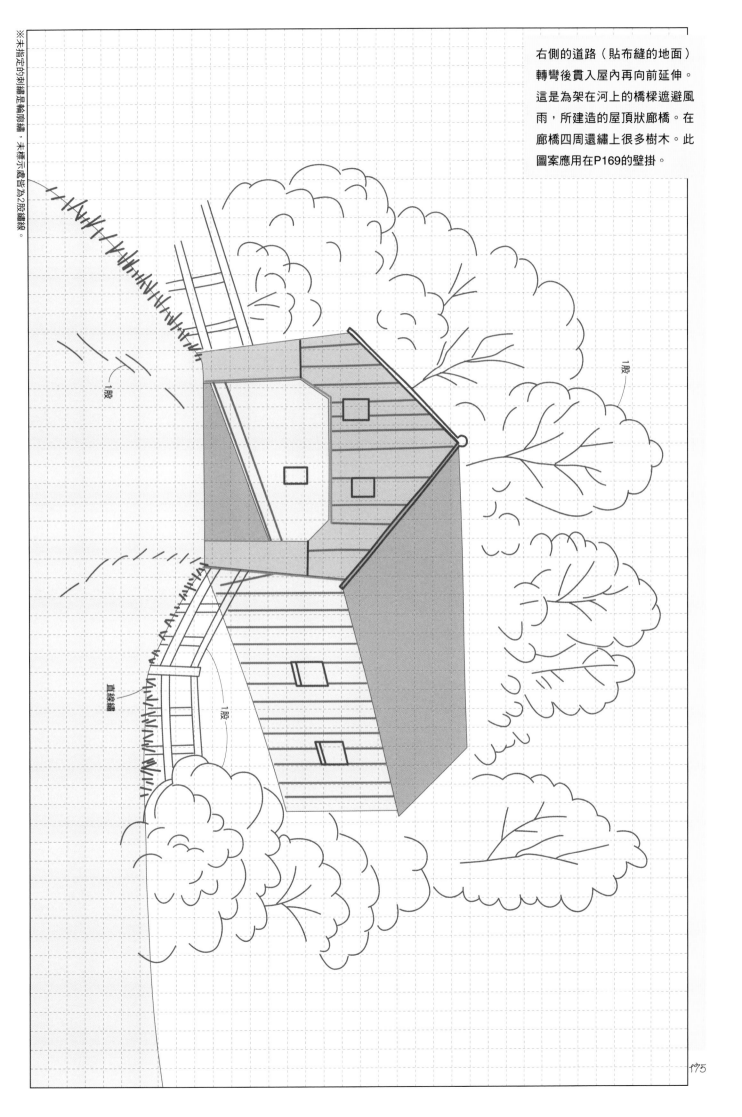

右側的道路（貼布縫的地面）轉彎後貫入屋內再向前延伸。這是為架在河上的橋樑遮避風雨，所建造的屋頂狀廊橋。在廊橋四周還繡上很多樹木。此圖案應用在P169的壁掛。

※未指定的刺繡是輪廓繡，未標示處皆為2股繡線。

1股

1股

直線繡

1股

1股

這是一幢像是有幾間小房間及餐廳的房子。兩道不同造型的門是重點喔！屋前有些空間，若以壓縫的線條來表現道路，應該會有不錯的效果。此圖案應用在P169的壁掛。

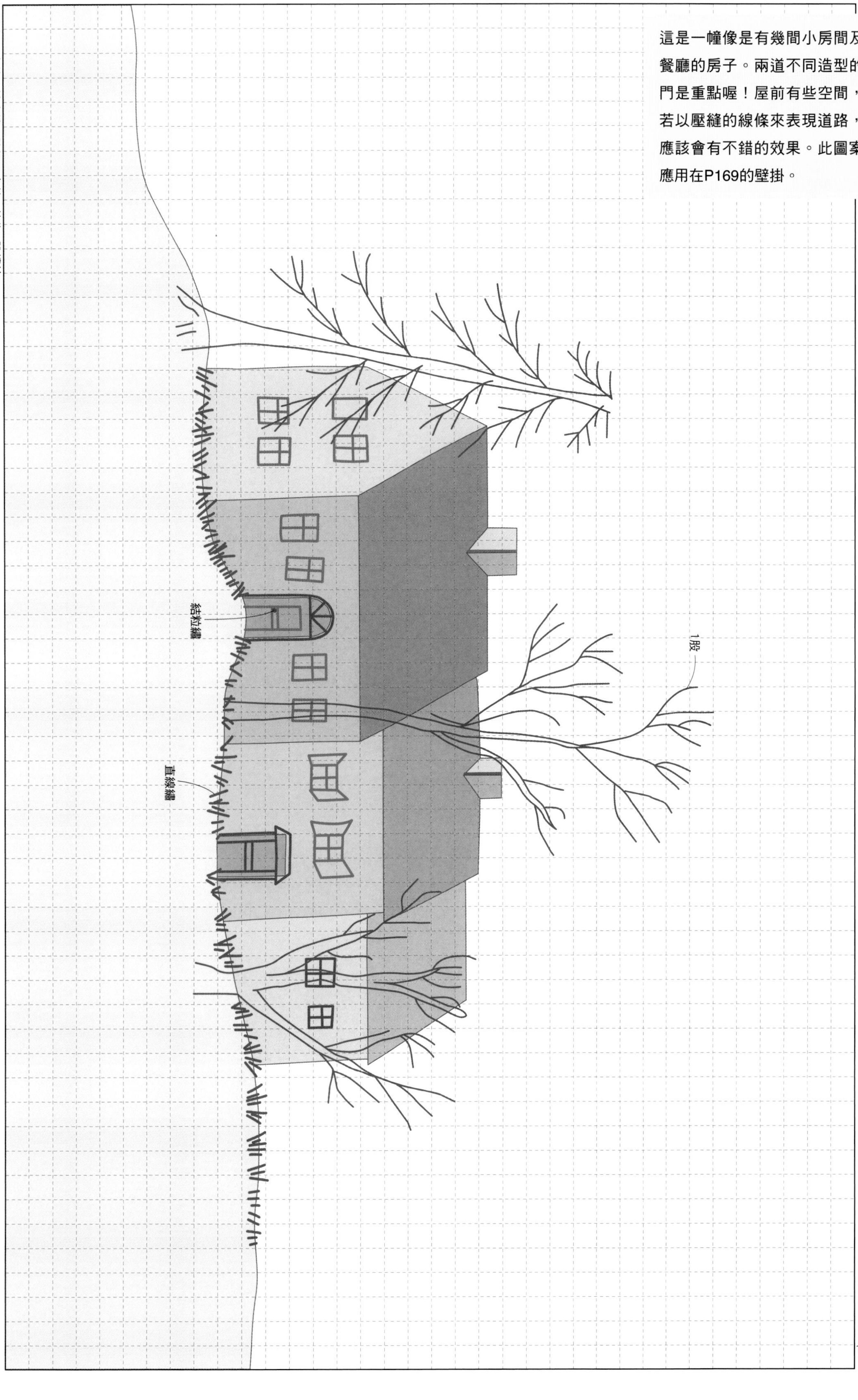

結粒繡

直線繡

1股

房屋 - IX

*House-IX*

最後一款房子是鐘樓上有十字架的教堂。由幾間房子拼在一起的作品，若其中有如教堂般一望即知的建築物，會讓人備感親切。入口處加上小台階。此圖案應用在P169的壁掛。

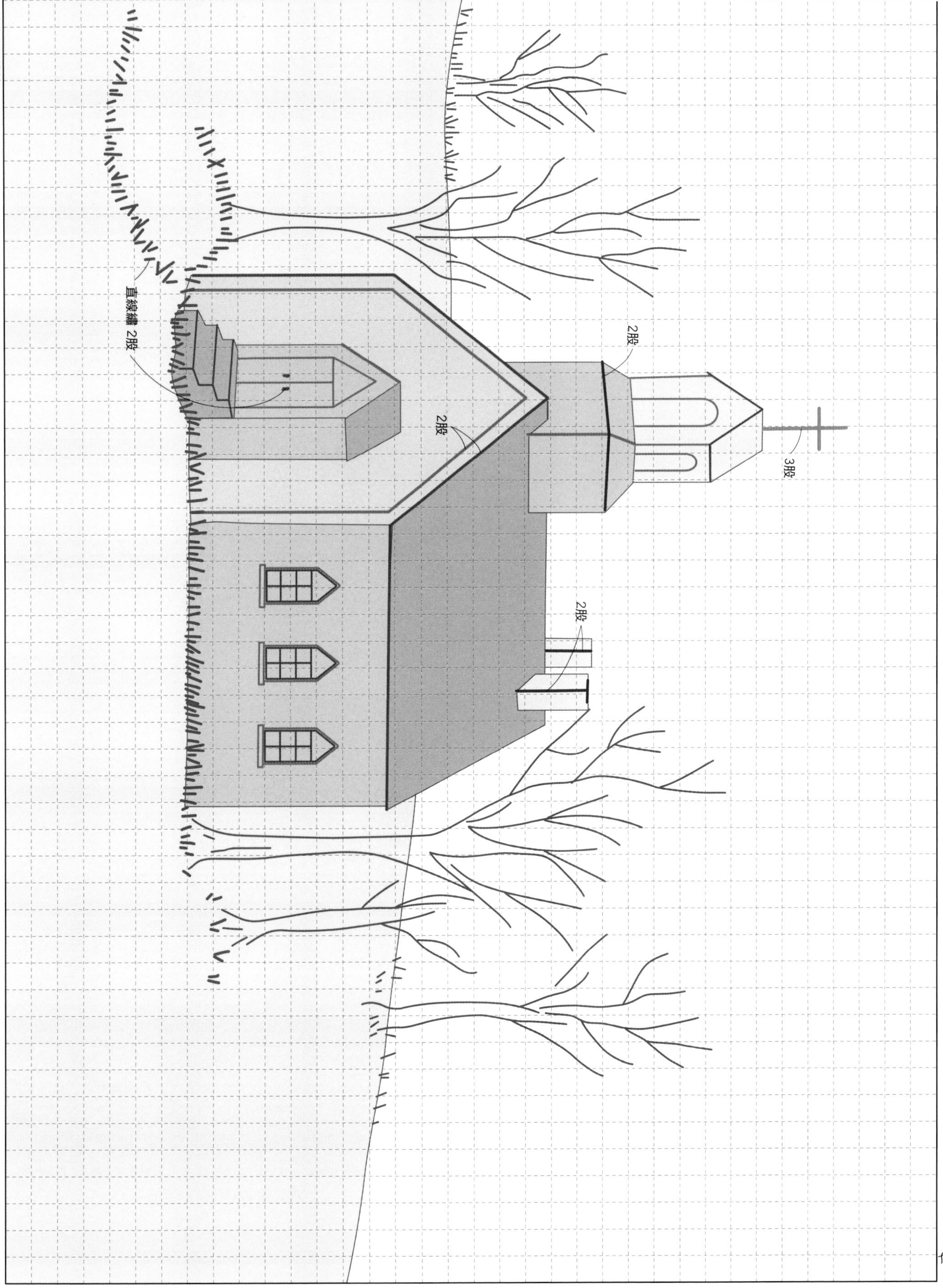
直線繡 2股
2股
2股
3股
2股

※未標示處使用輪廓繡，除標示處外，皆為1股繡線。

# 圖案的使用方法

- 書中所刊載的照片與圖案皆為原寸紙型，但不包含縫份的尺寸。
- 圖案印在標準的方格紙上，每一方格為0.5cm。可依喜好將圖案放大或縮小。
- 關於刺繡的種類，未標示的都是使用25號線。圖案中的「○股」則是要用幾股繡線進行刺繡。
- 圖案中有套上淺灰色的部分是指做貼布縫或拼布的部分。裁剪所需的貼布縫或拼布時，請在周邊留下適當的縫份。

## ■ 圖案的讀法

眼睛部分使用法式結粒繡25號線（2股）

有淺灰色部分做貼布縫處

結粒繡

1股

1股

細線部分使用輪廓繡25號線（1股）

未標示處使用輪廓繡及25號繡線（2股）

※未標示處使用輪廓繡，除標示處外，繡線皆為2股。

## ■ 從哪裡開始刺繡？

★ 先從圖案的外框線及花草的莖、樹木的主要枝幹等，輪廓線或細微圖案的指引線等開始繡起（有貼布縫或拼布的部份，則要在刺繡前先完成）。

★ 其次是花瓣、小葉片、細線等圖案中的細小線條。動物或人等臉部的圖案，最好在確定整體的平衡後，再繡上眼睛和嘴巴等表情。刺繡的訣竅在於不要過分在意圖案的位置，將表情繡得栩栩如生即可。

※ 以P18的圖案11為例，說明圖案的配置和刺繡的進行方式。

## ■ 試著動手繡圖案吧！

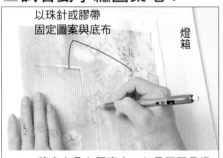

以珠針或膠帶固定圖案與底布

燈箱

**1** 將底布疊在圖案上，如果下面是燈箱，更容易描繪圖案。使用可以擦掉筆痕的鉛筆或原子筆，作品會更漂亮。

**2** 事先畫好臉部的表情等細部圖案。如果沒有燈箱，可改用描圖紙。

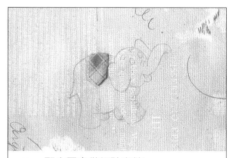

**3** 配合圖案做好貼布縫。

**4** 先繡圖案的輪廓。做輪廓繡使用25號繡線（2股）。

**5** 細線處做輪廓繡使用25號線（2股）。確定整體的平衡感後，再繡上眼睛、嘴巴等表情。

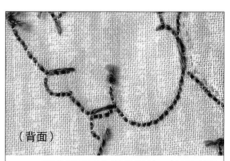

（背面）

**6** 開始繡時要先打始縫結，結束時再打上止縫結。為免影響到正面圖案，兩個結都要打得很小。

# 基礎知識

為了能愉快地進行刺繡，在此先介紹一些讀者必需知道的刺繡基礎。

## ■ 繡線的種類

**①25號繡線**

最常使用的繡線。由六條細線鬆編而成，一束的長度為8m。配合用途經常2、3股穿在一起使用。

**②COSMO・Multi Work（25號繡線2股）**

以線軸捲繞，容易取用，建議使用於1股或2股時。

**③5號刺繡線（COSMO・Stitch Work）**

具光澤的粗繡線。主要用於1股時。

**④燭芯線**

以粗木棉製成的線，最適合用於絲絨繡，主要是用1股。一般都是天然的白色，但也有彩色線。

## ■ 繡線（原寸）

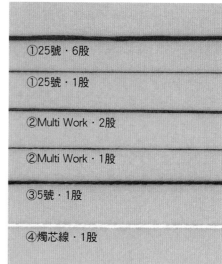

| |
| --- |
| ①25號・6股 |
| ①25號・1股 |
| ②Multi Work・2股 |
| ②Multi Work・1股 |
| ③5號・1股 |
| ④燭芯線・1股 |

## ■ 關於刺繡針

刺繡針的針眼通常很大，以利繡線穿過，但針頭很尖，所以在穿過布時很順滑。愈粗愈長的針，針號愈小。基本上，線粗（股數多）用粗針，線細（股數少）用細針。也要考量到布的厚度及刺繡的種類，所以最好先試繡一下，選擇自己用來順手的針。燭芯線使用的針，因線本身較粗，所以針眼更大，也更牢固。

## ■ 刺繡針（原寸）

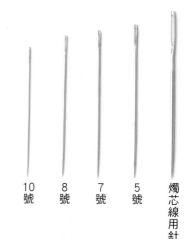

10號　8號　7號　5號　燭芯線用針

將布繃緊後，調整側邊的栓子　**一般繡框**

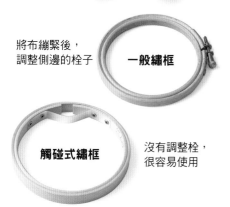

**觸碰式繡框**　沒有調整栓，很容易使用

## ■ 繡框的用法

刺繡時通常要用繡框。這樣可以將布繃緊，容易穿縫，繡出來的作品也比較漂亮。直徑10cm左右的繡框最好拿，也好使用。碰上較大的刺繡圖案時，通常先繡繡花框內的圖案，然後逐一挪往其他位置。

**立架式繡框**
（立架式雙繡框）

■ 觸碰式繡框的用法

1、用手指將彈簧往內拉，拿起內框。

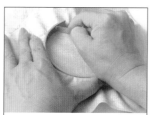

2、確認底布的圖案位置。

3、將底布翻面後，放在外框上，和步驟1一樣將彈簧往內拉，讓內框嵌入外框中。

4、由於沒有調整栓，不會干擾到刺繡的動作。

因為有支撐的立架，而且上下裝有不同尺寸的繡框，所使用起來十分方便。

# 繡線的處理方式

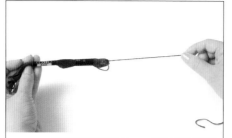

## ■用25號繡線開始刺繡前

本書大部分的圖案都是用25號繡線，因為它使用起來很方便，不但可以1、2股來調整繡線的粗細，顏色的選擇性也多。請記住以下的處理方式，再加以靈活運用。

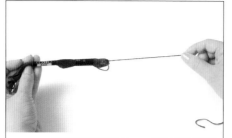

1 一邊壓著標籤部分，一邊拉出6股繡線並剪斷。

2 將步驟1纏繞在左手食指上，用針頭挑出1股股的繡線。

3 挑出所需的股數後，將線頭對齊併攏。使用6股繡線時做法相同，要一股股地挑出。

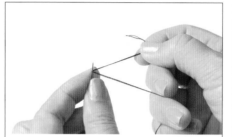

4 為了繡線容易穿過針眼，將線架在針頭上對摺。

5 繡線就這樣架在針頭的扁平部分（針眼的側面），用手指壓平，並將針順勢往下抽出。

6 右手手指挾著呈扁平狀的對摺線，穿過針眼。

7 從針眼穿出的繡線拉出一邊，線就穿好了。

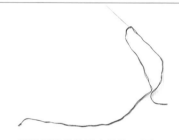

8 繡線最適當的長度是約30至40cm。線太長繡時容易起絨毛，不如用短線再隨時補充就好了。

## ■始縫結的打法

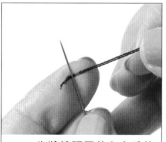

1 先將線頭平放在左手的食指上，上面再疊上針尖。

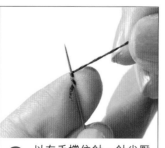

2 以左手撐住針，針尖壓著食指，線繞兩圈。

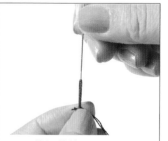

3 繞好的線以手指壓住，將針往上提，抽出線。

4 如此可以打出結實的始縫結。除了很薄或透明的白布，在刺繡開始和結束時，會分別打上始縫結和止縫結。

# 輪廓繡和結粒繡

這是常會用到的兩種繡法,請記住能繡出漂亮刺繡圖案的重點,再配合刺繡圖案的粗細和
大小來調整繡線的股數。此外,刺繡之前,最好先在其他的布上試繡一下。

## ■ 輪廓繡 Outline Stitch（原寸）

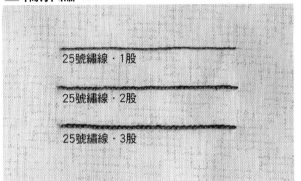
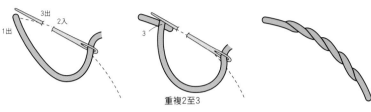

25號繡線・1股

25號繡線・2股

25號繡線・3股

3出 2入

1出

重複2至3

## ■ 輪廓繡的重點

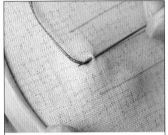

**1** 參照圖上的繡法,逐針往回繡,但注意不要切到前面的針目。

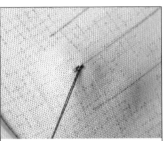

**2** 不要太用力拉線,以免扯壞針目和布。

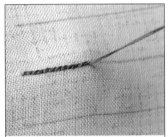

**3** 在圖案線處用小針目逐針刺繡。針目越小,越能將弧度和角的部分縫得更漂亮。

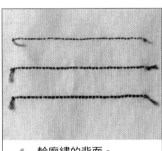

**4** 輪廓繡的背面。

## ■ 結粒繡 French Knot

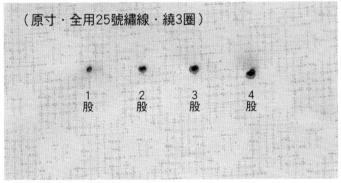

（原寸・全用25號繡線・繞3圈）

1股　2股　3股　4股

粒結繡是以繡線的粗細（股數）和繡線繞針幾圈來調整大小。

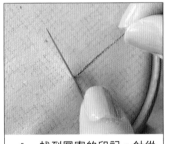

**1** 找到圖案的印記,針從底布的下方穿出後,疊在出線口的位置。

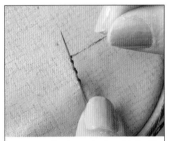

**2** 用拇指壓住針,線在針上視需要的次數繞圈（本圖示範的是繞3圈）。

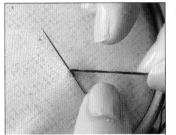

**3** 拉住線的一端,將纏在針上的線往針頭位置集中。用拇指輕壓纏繞的線,以防鬆脫。

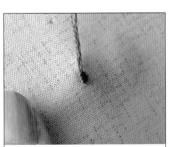

**4** 拇指緊緊壓住纏繞的線,接著將針拔出,線會瞬間糾成一團。

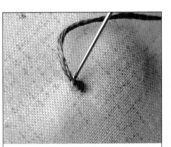

**5** 一邊確認圖案的位置,一邊將針刺入底布,向下穿出。拉一拉線,整出形狀。

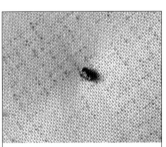

**6** 完成結粒繡。增加繡線繞針的圈數,可做出橢圓形。

# 燭芯線刺繡

燭芯線刺繡基本上指用燭芯線所做的白線刺繡。
代表性的繡法有殖民結粒繡和絲絨繡。

## ■ 殖民結粒繡 Colonial Knot

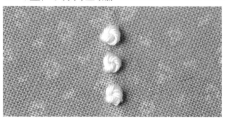

類似結粒繡，但更容易繡出一定的形狀，用於需要複製許多同一圖案時。雖然可以使用一般的繡線，但選用燭芯線，感覺會更有份量。

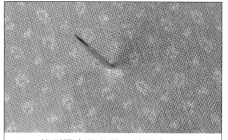

1 找到圖案的印記，針從底布的下方穿出。

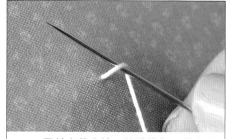

2 用針尖將出線口的線挑起，線由左向右架在針上。

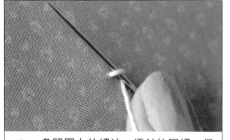

3 參照圖上的繡法，逐針往回繡，但注意不要切到前面的針目。

4 線由左下往右上拉起，架於在針上。

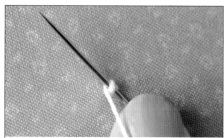

5 架在針上的線往身體處拉回，緊收繞在針上的線。

6 用左手的拇指壓住用力收緊的線。此外，為避免捲起的線鬆脫，稍微將針往針頭方向拉回。

7 針不拔出，在靠近捲線的前面穿入針尖。

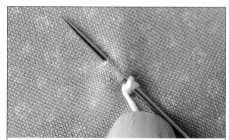

8 用左手的拇指壓住線，針從下一個印記穿出。

9 一邊用左手的拇指壓住線，一邊將針拔出。若不好拔，可用指尖轉一下針再慢慢向上拉出。

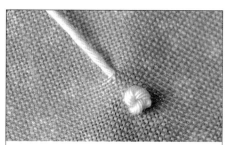

10 完成殖民結粒繡。不只要繡一粒時，請依照上述的要領由下往上直排刺繡。

用4股25號繡線做出的殖民結粒繡。示範圖為P61的圖案43。

絲絨繡是鬆軟如毛球般的立體繡法。
為了容易搓捻出蓬鬆度，可使用燭芯線來刺繡。

## ■ 絲絨繡 velvet stitch

在圖案內排滿均等的圈環。圈環的長度則視毛球大小做調整。

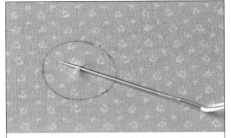

1 從圖案中心點開始縫繡。線不打結，預留1cm。針尖從正面挑起0.1cm的底布。

2 以半回針的要領縫一針。此時針要穿入橫過原本在底布下的步驟1的線（這麼做是為了讓線不會在之後脫落）。

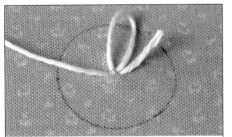

3 穿出表面的線繞成約1cm大的圈環，然後如步驟2仔細地反覆做半回針縫，縫出許多的圈環。

4 從中心往外如畫圓般持續做半回針縫，縫出密集的圈環。做好的圈環用手指壓住，便於清楚看見中心位置縫製圈環。

5 繡至圈環將圖案填滿為止。最後線仍不打結，而是在與其他圈環等高的處剪斷。

6 翻至背面，可看到由中心往外一層層做回針縫，均等布滿針目。重點在於刺繡時像是要將線切斷般。

7 剪開所有圈環的頂端。

8 用針尖將線一根根挑鬆。挑的時候是由線的上方，而非靠中心點。慢慢地劃開，不要太用力拉扯，以免脫落。

9 全部的線都挑鬆後，用剪刀大體修出形狀。修剪太長的線或多出的圈環。

10 再一次用針尖仔細地挑出鬆度，直到臨近中心點的位置都完全蓬鬆後，再用剪刀修剪出喜歡的形狀。

11 從側面觀看的成品。修剪時中間的線留得比四周長，可以呈現出立體感。

# 基礎的刺繡方法

## ■ 回針繡 Back Stitch

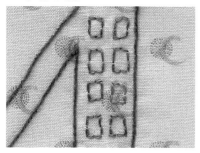
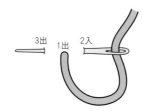
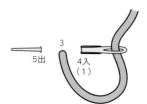

## ■ 鎖鏈繡 Chain Stitch

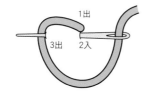
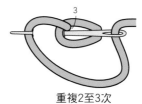
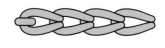

重複2至3次

## ■ 平針繡 Running Stitch

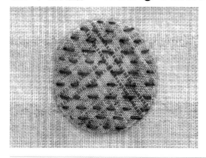
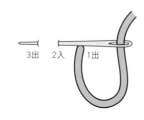
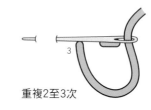

重複2至3次

## ■ 穿線平針繡 Threaded Running Stitch

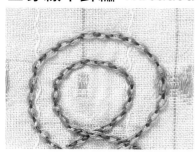
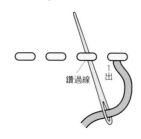
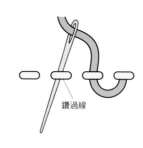

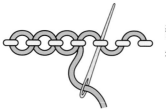

變化繡法‧
從兩側穿線

## ■ 直線繡 Straight Stitch

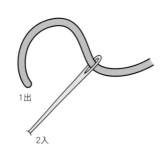

## ■ 十字繡 Cross Stitch

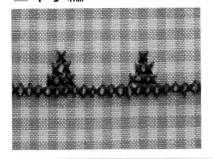
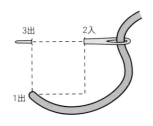
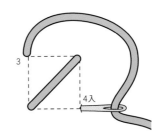

## ■ 雙十字繡 Double Cross Stitch

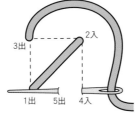
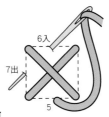
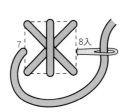

## ■ 雛菊繡 Lazy Daisy

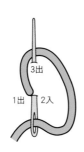

## ■ 飛羽繡 Fly Stitch

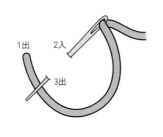

變化飛羽繡
的繡法

## ■ 毛毯繡 Blanket Stitch

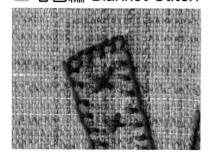

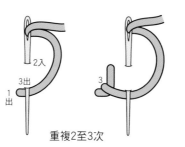 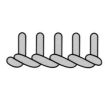 

2入
3出
1出

重複2至3次

向上刺入時

變化繡法：
以毛毯繡填滿圖案。

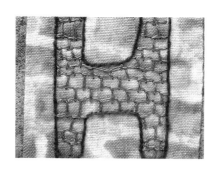

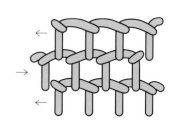

## ■ 千鳥繡 Herringbone Stitch

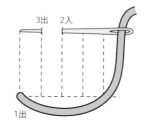  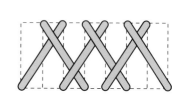

3出　2入
1出

3
5出　4入
重複2至5次

## ■ 雙排千鳥繡 Double Herringbone Stitch

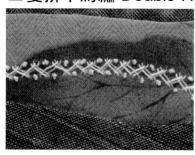

 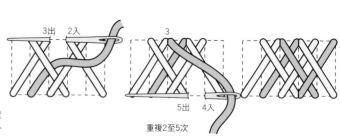

1出
由下往上時，是從
千鳥繡的下方鑽入

3出　2入
3
5出　4入
重複2至5次

## ■ 羽毛繡 Feather Stitch

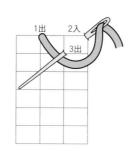 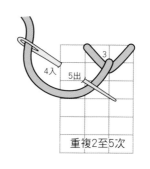 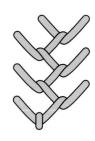

1出　2入
3出
4入　5出
3
重複2至5次

## ■蕨類繡 Fern Stitch

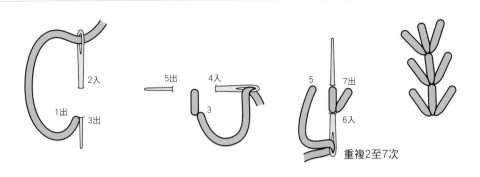

2入
1出
3入

5出
4入
3

5
7出
6入
重複2至7次

## ■飛鳥繡 Open Cretan Stitch

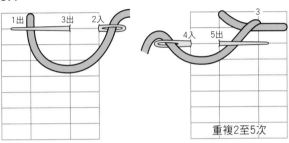

1出    3出    2入

4入    5出    3

重複2至5次

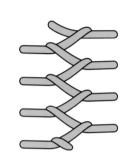

## ■山形繡 Chevron Stitch

1出    2入
3出
5出    4入

7出
5    6入

9出    8入
7
↙ 接續下段

接續上段 →    9    10入
11出
重複4至11次

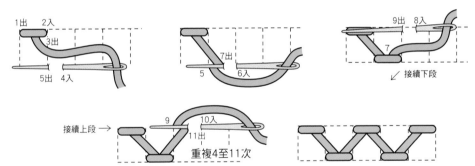

## ■格架繡 Couched Trellis Stitch

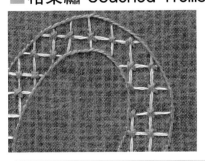

I出

H入                        G
E                          F
D                          C
A            B

e  d  a

g出  f入    b
c

2入

3出
1出    重複2至3次

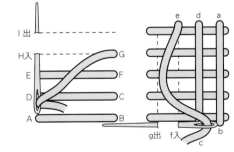

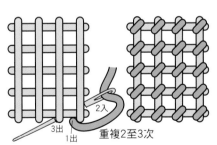

## ■緞面繡 Stain Stitch

決定刺繡的方向,從最
寬的部分開始繡起
會比較順手

3出
c入
2入
1出
b出
a入

重複2至3次

要往前端繡時,先穿
過裡線再從另一
半未繡的起
點出針

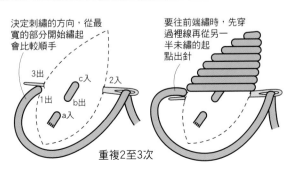

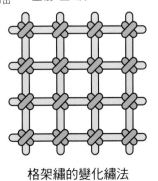

格架繡的變化繡法

# 作品做法

●做法圖示中，數字後未特別標示單位者均為cm。

●做法圖示中標示的尺寸，代表製圖上的尺寸。但在拼縫及壓縫時，布會稍縮
　小，使得實際完成的作品會略小一點。

●裁布時若未標示「裁切（＝不加縫份）」，請自行加上縫份。一般的拼布塊需
　要0.7至1cm的縫份，貼布縫則是0.3至0.5cm。可視布與作品做調整。壓縫時，
　襯棉和裡布（墊布）要準備得比表布大一圈。

●材料中有標示「碎布適量」者，可就手邊的布料隨意組合利用。

**a** 壁掛

P12作品

使用圖案**1**至**9**

★完成尺寸＝48.4×48.4cm
★原寸圖案在P6至P11、P14至P16

★材料
底布……駝色系與灰色系等九種印花布15×15cm、邊框用布……茶色圓點60cm×60cm、裡布‧襯棉各60×60cm、滾邊（斜裁）……灰色系印花布3.5×200cm、25號繡線各色適量

★做法
①在九片底布上做刺繡。
②拼縫步驟①，完成壁掛的中間部分，四周再與邊框布縫合。
③在步驟②的縫份處做刺繡，完成表布。
④將步驟③與襯棉及裡布重疊後做壓縫。
⑤四周加上滾邊。
滾邊的做法參閱P200。

★**重點** 在九片拼布塊上做壓縫時，請配合刺繡的花樣均衡地壓上直線或格狀線條。

配置圖

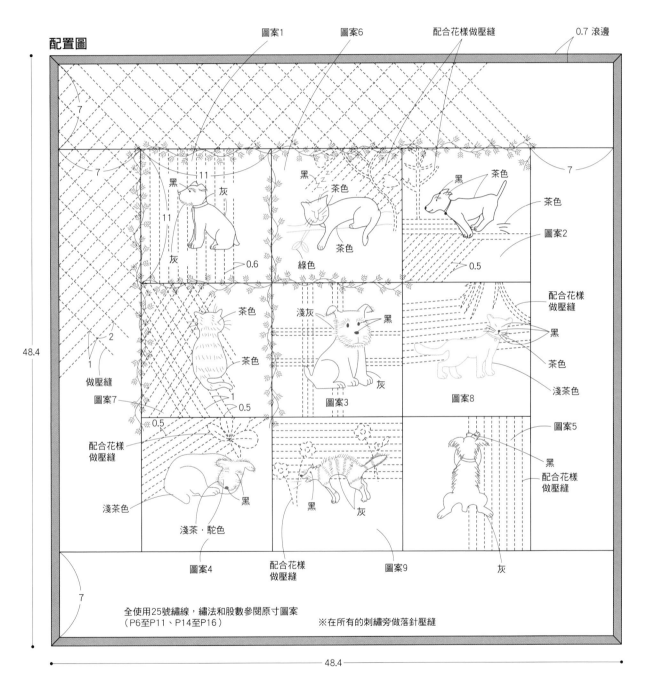

全使用25號繡線，繡法和股數參閱原寸圖案
（P6至P11、P14至P16）
※在所有的刺繡旁做落針壓縫

原寸刺繡圖案

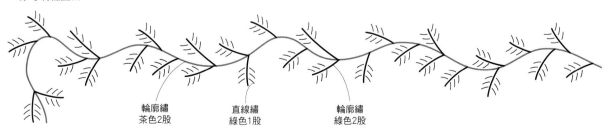

輪廓繡
茶色2股
直線繡
綠色1股
輪廓繡
綠色2股

## b 化妝包

P24・P25的作品

使用圖案**15・16**

★完成尺寸＝參考圖示
★原寸圖案在P22、P23

★材料

底布……奶油色格紋布・灰色系印花布各15×15cm、本體……駝色條紋布30×30cm、底部……茶色系印花布10×25cm、小拉布（tab）……碎布適量、裡布・襯棉各35×35cm、滾邊（斜裁）……茶色格紋布3.5×40cm、縫份用斜紋布帶2.5×15cm、布襯10×10cm、12.5cm長的拉鏈1條、直徑1.2cm的串珠2顆、直徑0.1cm的細繩10cm、25號繡線各色適量

★做法

①拼縫布塊與刺繡後，完成前後片的表布。
②將步驟①與底部表布正面相對縫合，完成本體表布。
③將步驟②與襯棉及裡布重疊後做壓縫。
④本體的袋口滾邊，縫製拉鏈。
⑤本體正面朝內對摺後縫合兩側，然後參閱P217做收縫份。
⑥縫合底部側幅，並參閱P212的做法以收縫份斜紋布帶包捲縫份收邊。
⑦縫製小拉布。
⑧將步驟⑥翻回正面，縫合袋口的側幅。縫份收入小拉布後做藏針縫。
⑨拉鏈頭掛上裝飾。

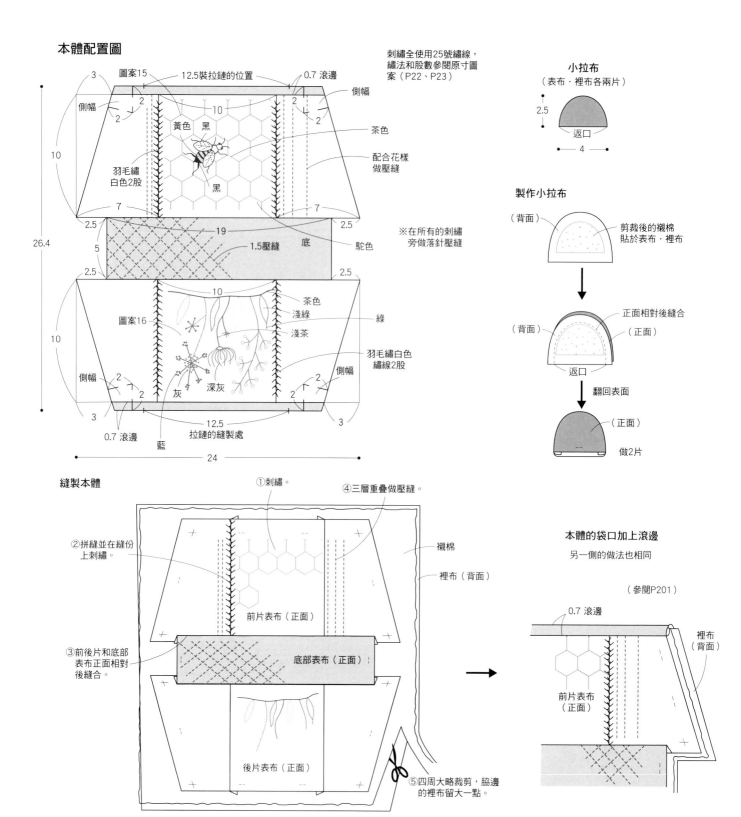

本體配置圖

刺繡全使用25號繡線，繡法和股數參閱原寸圖案（P22、P23）

※在所有的刺繡旁做落針壓縫

圖案15　12.5裝拉鏈的位置　0.7滾邊
側幅
黃色　黑
茶色
羽毛繡白色2股
黑
配合花樣做壓縫
26.4
19　底　駝色
1.5壓縫
圖案16
茶色
淺綠
淺茶
綠
羽毛繡白色繡線2股
深灰
灰
藍
0.7滾邊
12.5拉鏈的縫製處
24

小拉布
（表布・裡布各兩片）
2.5
返口
4

製作小拉布

（背面）　剪裁後的襯棉貼於表布・裡布

（背面）　正面相對後縫合　（正面）
返口

翻回表面

（正面）
做2片

縫製本體

①刺繡。
④三層重疊做壓縫。
②拼縫並在縫份上刺繡。
襯棉
裡布（背面）
前片表布（正面）
③前後片和底部表布正面相對後縫合。
底部表布（正面）
後片表布（正面）
⑤四周大略裁剪，脇邊的裡布留大一點。

本體的袋口加上滾邊
另一側的做法也相同
（參閱P201）

0.7滾邊
裡布（背面）
前片表布（正面）

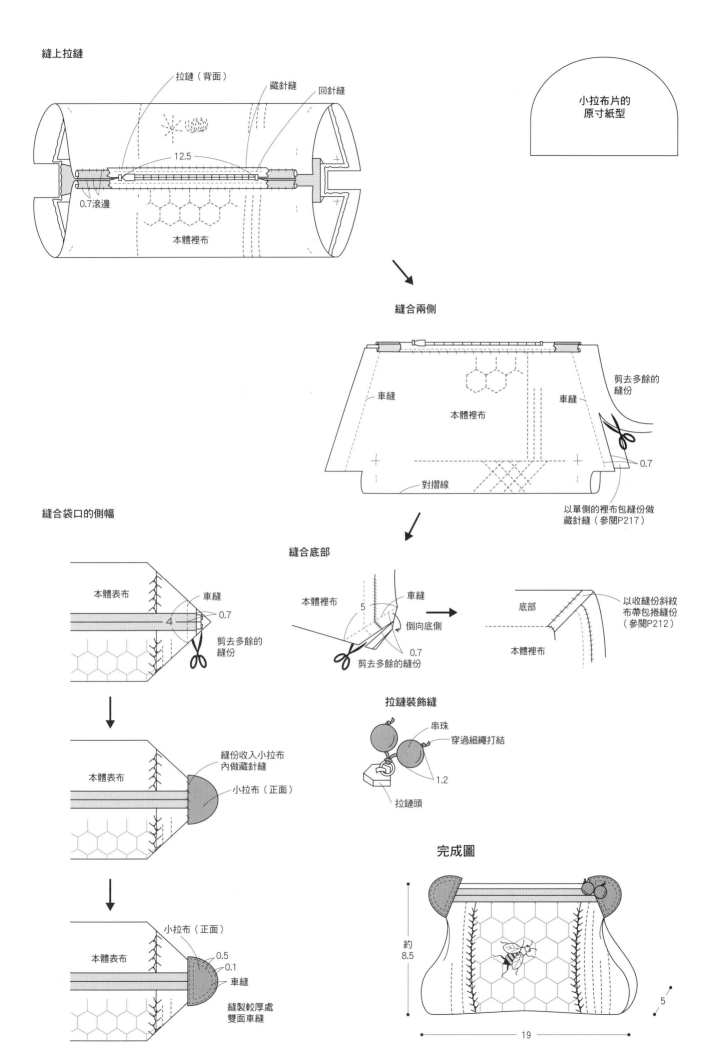

縫上拉鏈

拉鏈（背面）　藏針縫　回針縫

12.5

0.7滾邊

本體裡布

小拉布片的
原寸紙型

縫合兩側

剪去多餘的
縫份

車縫　　本體裡布　　車縫

0.7

對摺線

以單側的裡布包縫份做
藏針縫（參閱P217）

縫合底部

本體裡布　　5　　車縫　　倒向底側

0.7

剪去多餘的縫份

底部

本體裡布

以收縫份斜紋
布帶包捲縫份
（參閱P212）

縫合袋口的側幅

本體表布　　車縫

0.7

4

剪去多餘的
縫份

本體表布

縫份收入小拉布
內做藏針縫

小拉布（正面）

小拉布（正面）

本體表布

0.5

0.1

車縫

縫製較厚處
雙面車縫

拉鏈裝飾縫

串珠

穿過細繩打結

1.2

拉鏈頭

完成圖

約
8.5

19

5

193

# C 口金包

P30的作品

使用圖案 **17 · 18**

★完成尺寸＝參考圖示
★原寸圖案在P26、P27
★本體與底部在原寸紙型的A面

★材料
拼布及貼布縫用布……碎布適量、底部……橄欖綠格紋布（斜裁）10×35cm、裡布·襯棉各30×50cm、1cm寬的原色蕾絲50cm、外徑15×6cm的手縫口金1個、25號繡線各色適量

★做法
①拼縫布塊與刺繡後，完成本體A·B的表布。
②將步驟①與裡布正面相對，和襯棉重疊且預留返口後縫合，接著翻回正面。
③以藏針縫縫合返口後做壓縫。
④重複步驟②和步驟③的步驟縫製底部。
⑤將本體與底部側幅正面相對，參考圖示，分別與裡布和表布縫合。
⑥將步驟⑤翻回正面，口金放入預留的溝槽內，用回針縫縫上。
⑦在步驟⑥的內側縫份處貼上蕾絲。

★重點　在口金的中心點預做記號，以便與本體中心點的印記接縫。縫合時由中心點往外縫，如此兩側的開口才會均等。如果是使用附提把的口金，請配合口金的長度調整原寸紙型上側的弧線。

## 本體A配置圖

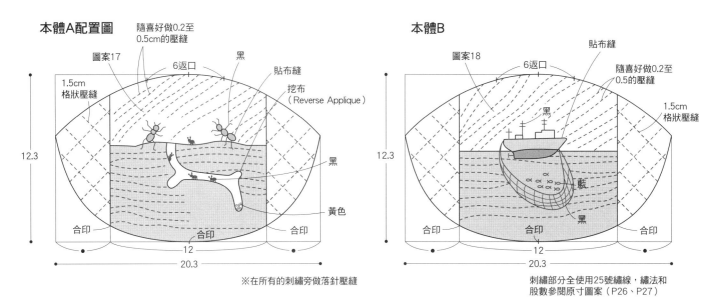

※在所有的刺繡旁做落針壓縫

## 本體B

刺繡部分全使用25號繡線，繡法和股數參閱原寸圖案（P26、P27）

## 底部的側幅

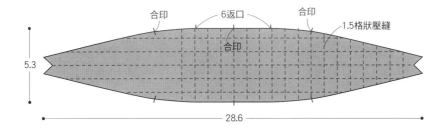

### 挖布縫的做法

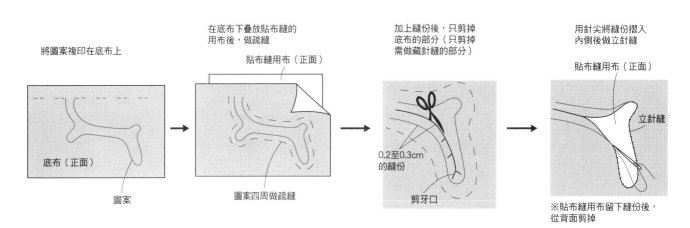

將圖案複印在底布上

在底布下疊放貼布縫的用布後，做疏縫

加上縫份後，只剪掉底布的部分（只剪掉需做藏針縫的部分）

用針尖將縫份摺入內側後做立針縫

## 縫製本體

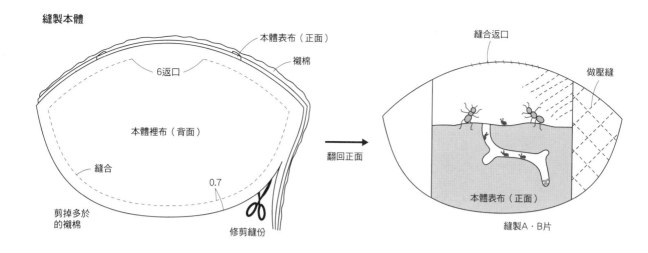

本體表布（正面）
襯棉
6返口
本體裡布（背面）
縫合
0.7
剪掉多於的襯棉
修剪縫份

縫合返口
做壓縫
本體表布（正面）
翻回正面
縫製A・B片

## 縫製底部側幅

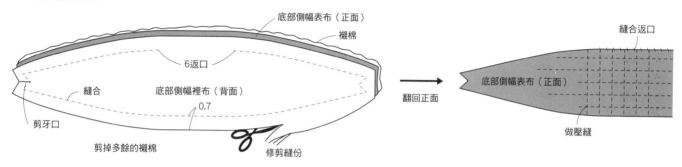

底部側幅表布（正面）
襯棉
6返口
縫合
底部側幅裡布（背面）
0.7
剪牙口
剪掉多餘的襯棉
修剪縫份
翻回正面

縫合返口
底部側幅表布（正面）
做壓縫

## 縫合本體和底布側幅

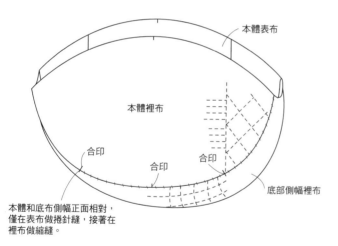

本體表布
本體裡布
合印
合印
合印
底部側幅裡布

本體和底布側幅正面相對，
僅在表布做捲針縫，接著在
裡布做縮縫。

## 裝上口金

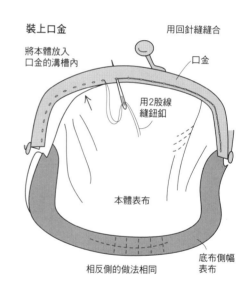

用回針縫縫合
將本體放入
口金的溝槽內
口金
用2股線
縫鈕釦
本體表布
相反側的做法相同
底布側幅表布

## 內側貼上蕾絲

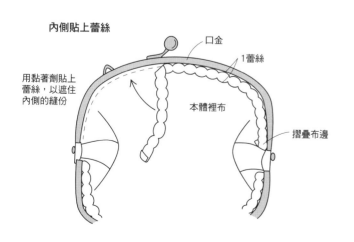

口金
1蕾絲
用黏著劑貼上
蕾絲，以遮住
內側的縫份
本體裡布
摺疊布邊

## 完成圖

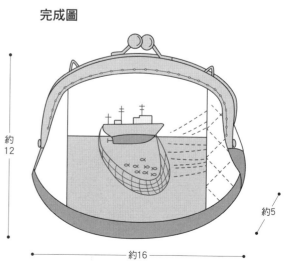

約12
約16
約5

# d 化妝包

P31的作品

使用圖案 **19·20**

★完成尺寸＝參考圖示
★原寸圖案在P28、P29
★本體的原寸紙型於A面

★材料
本體底布……駝色地圖紋‧淺茶色英文字母圖案布各15×20cm、側幅……茶色小圓點（斜裁）10cm×50cm、小拉布……灰色印花布5×15cm、裡布‧襯棉各40×50cm、縫份用斜紋布帶2.5×110cm、布襯10×25cm、17cm長的拉鏈1條、小剪刀吊飾1個、25號繡線紅色與黑色各適量

★做法
①在底布上做刺繡，完成本體A‧B表布。
②將步驟①與襯棉及裡布重疊後做壓縫。
③上側幅表布與襯棉及裡布（貼上裁切的布襯）重疊後做壓縫。
④將拉鏈與步驟③縫合。
⑤縫製小拉布，用疏縫將它暫時固定在上側幅。
⑥下側幅做法與步驟③相同。
⑦上下側幅正面相對縫合成環狀。
⑧本體與側幅正面相對縫合，並以收縫份用斜紋布帶包捲縫份。
⑨將小剪刀吊飾掛在拉鏈頭。

★重點　拉鏈裝在上側幅時，上側幅的中心（▲）需對準拉鏈的中心。本體在與上下側幅縫合時也需要對準接合點。

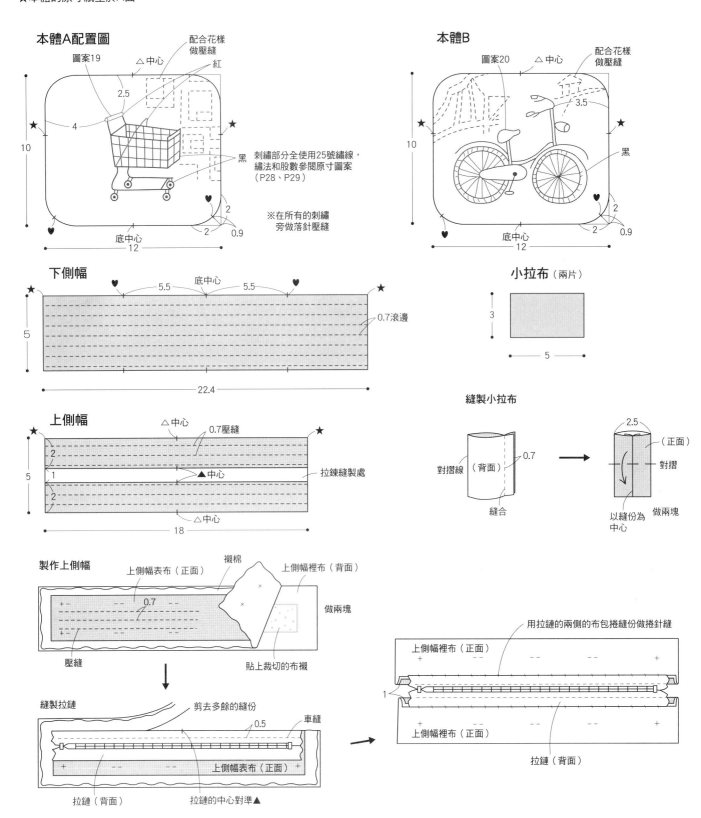

本體A配置圖
配合花樣做壓縫
圖案19　△中心　紅
2.5
4
10
底中心
12
刺繡部分全使用25號繡線，繡法和股數參閱原寸圖案（P28、P29）
黑
2
2　0.9
※在所有的刺繡旁做落針壓縫

本體B
配合花樣做壓縫
圖案20　△中心
3.5
10
黑
底中心
12
2
2　0.9

下側幅
底中心
5.5　5.5
5
0.7滾邊
22.4

小拉布（兩片）
3
5

上側幅
△中心　0.7壓縫
2
1
2
▲中心
拉鍊縫製處
△中心
5
18

縫製小拉布
對摺線（背面）
0.7
縫合
2.5
（正面）
對摺
以縫份為中心
做兩塊

製作上側幅
上側幅表布（正面）　襯棉　上側幅裡布（背面）
0.7
做兩塊
壓縫
貼上裁切的布襯

縫製拉鏈
剪去多餘的縫份
0.5
車縫
上側幅表布（正面）
拉鏈（背面）
拉鏈的中心對準▲

用拉鏈的兩側的布包捲縫份做捲針縫
上側幅裡布（正面）
1
上側幅裡布（正面）
拉鏈（背面）

**小拉布暫時固定在上側幅**

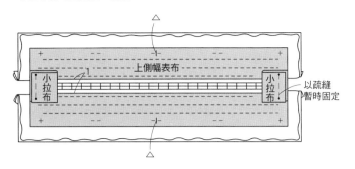

以疏縫暫時固定

**縫製下側幅**

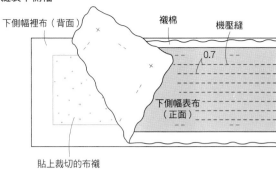

下側幅裡布（背面）　襯棉　機壓縫

0.7

下側幅表布（正面）

貼上裁切的布襯

**上下側幅正面相對縫合**

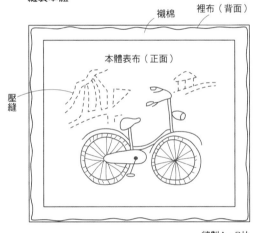

縫合　下側幅裡布　上側幅表裡布　縫合

**收縫份**

2.5

①縫合。

上側幅裡布

收縫份用斜紋布帶（背面）

0.7

②剪去多餘的縫份。

上側幅裡布　下側幅裡布

包捲縫份後倒向下側幅做捲針縫

0.2

車縫

**縫製本體**

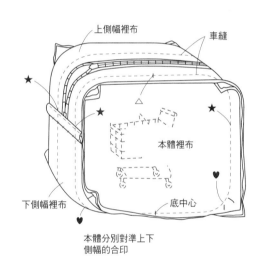

襯棉　裡布（背面）

本體表布（正面）

壓縫

縫製A‧B片

**本體分別對準上下側幅的合印**

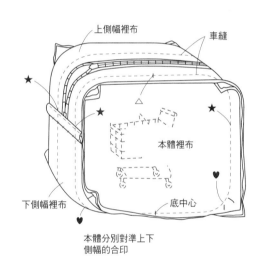

上側幅裡布　車縫

本體裡布

下側幅裡布　底中心

本體分別對準上下側幅的合印

**收縫份**

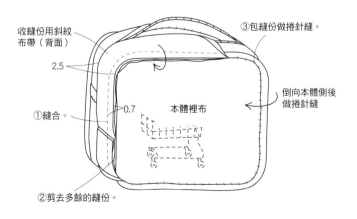

收縫份用斜紋布帶（背面）

2.5

0.7

①縫合。

本體裡布

③包縫份做捲針縫。

倒向本體側後做捲針縫

②剪去多餘的縫份。

**完成圖**

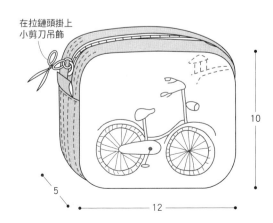

在拉鏈頭掛上小剪刀吊飾

10

5

12

# e 化妝包

P41的作品

使用圖案**29**

★完成尺寸＝參考圖示
★原寸圖案案參閱P40

★材料

拼布用布……駝色花底15×15cm、淺茶色花底（含後片）15×40cm、底部……茶色格紋10×15cm、裡布・襯棉各30×30cm、滾邊（斜裁）……駝色小圓點3.5×40cm、裝飾拉鏈的布環……綠色格紋適量、布襯5×12cm、15cm長拉鏈1條、鈕釦……直徑2cm・1.8cm各1顆、25號繡線白色及茶色適量

★做法

①拼縫布塊與刺繡，完成前片表布。

②將步驟①與裡布正面相對，疊上襯棉，預留返口後縫合。

③將步驟②翻回正面做壓縫。

④重複步驟②和步驟③完成後片（後片表布是一片布）。

⑤縫製底部。將表布與貼上裁切好布襯的裡布正面相對，疊上襯棉，預留返口後縫合四周。接著翻回正面，縫合返口後，做壓縫。

⑥前、後片正面相對，參照圖示，分別與表布和裡布縫合。

⑦將步驟⑥與底部正面相對，再依步驟⑥的做法縫合。

⑧在步驟⑦的袋口處縫拉鏈後滾邊。

⑨縫製布環，和鈕釦一起裝在拉鏈頭。

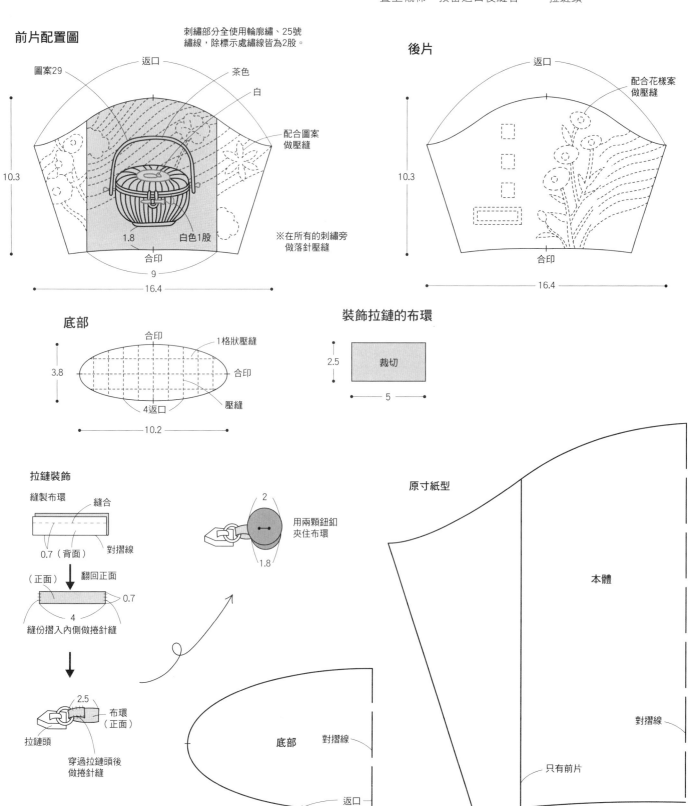

**縫製前、後片**

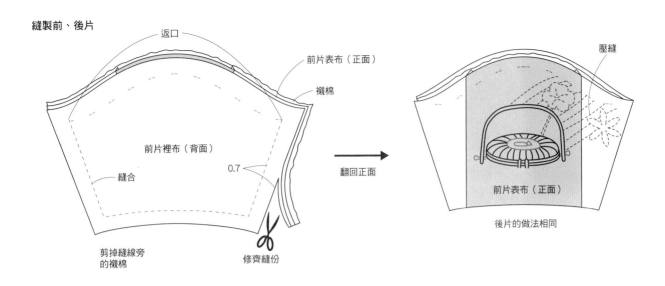

返口
前片表布（正面）
襯棉
前片裡布（背面）
縫合
0.7
剪掉縫線旁的襯棉
修齊縫份
翻回正面

壓縫
前片表布（正面）
後片的做法相同

**縫製底部**

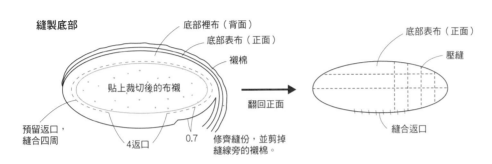

底部裡布（背面）
底部表布（正面）
襯棉
貼上裁切後的布襯
預留返口，縫合四周
4返口
0.7
修齊縫份，並剪掉縫線旁的襯棉。
翻回正面

底部表布（正面）
壓縫
縫合返口

**縫合前、後片和底部**

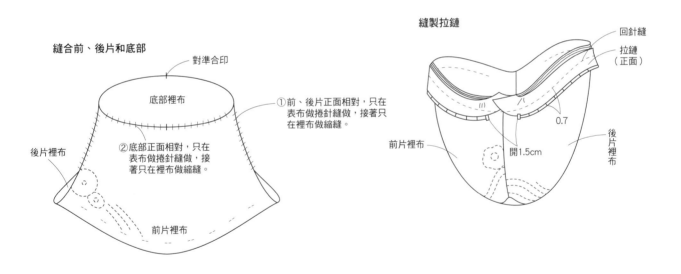

對準合印
底部裡布
後片裡布
前片裡布
①前、後片正面相對，只在表布做捲針縫做，接著只在裡布做縮縫。
②底部正面相對，只在表布做捲針縫做，接著只在裡布做縮縫。

**縫製拉鏈**

回針縫
拉鏈（正面）
前片裡布
開1.5cm
0.7
後片裡布

**袋口滾邊**

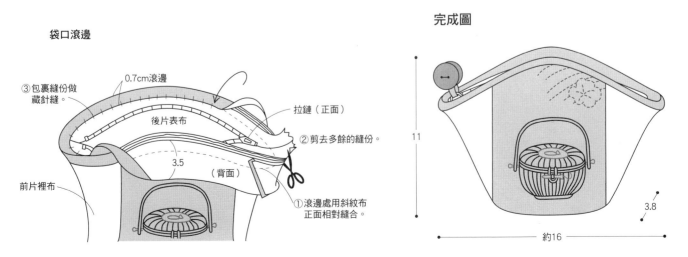

③包裹縫份做藏針縫。
0.7cm滾邊
後片表布
拉鏈（正面）
②剪去多餘的縫份。
3.5
（背面）
前片裡布
①滾邊處用斜紋布正面相對縫合。

**完成圖**

11
約16
3.8

**f** 壁掛

P58的作品

使用圖案**38**至**41**

★完成尺寸＝73.4×69.4cm

★原寸圖案在P51至P57

★材料

底布……駝色格紋110×30cm、
窗櫺用布條‧邊框用布……茶
色格紋110×80cm、裡布‧襯
棉各85×80cm、滾邊（斜紋）
……深褐色格紋3.5×300cm、
深褐色的25號繡線適量

★做法

①在底布上做刺繡，完成四片
不同圖案的拼布塊。

②拼縫步驟①的窗櫺用布與邊
框布條，完成中間的部分。
四周再與邊框縫合，做成表
布。

③將步驟②與襯棉及裡布重疊
做壓縫。

④四邊加上滾邊。

★重點

在所有的刺繡旁做落針壓縫，
並隨興地於底布壓縫上如風吹
動般的波狀線條。壓縫時要留
意整體的平衡感。窗櫺用布是
使用的格紋布。

**配置圖**

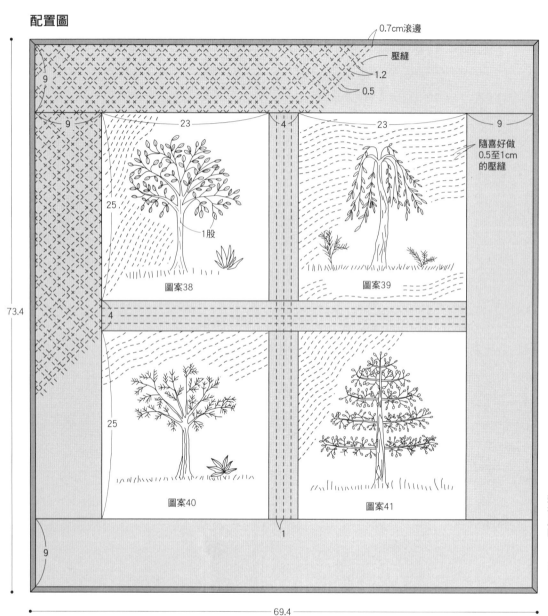

刺繡部分全使用25號深
褐色繡線，除標示處皆
用2股，繡法參閱原寸
圖案（P51、P57）

※在所有的拼布塊和
　刺繡旁做落針壓縫

**滾邊的做法**

以全回針縫縫至轉角

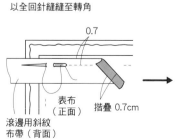

滾邊用斜紋
布帶（背面）

表布
（正面）

搭疊 0.7cm

轉角時將斜紋布帶摺成直角

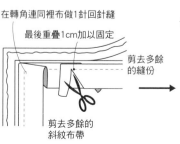

斜紋布帶的布邊
對準★記號

（背面）

珠針

從斜紋布帶的印
記入針，相反側
的印記處出針

在轉角連同裡布做1針回針縫

最後重疊1cm加以固定

剪去多餘
的縫份

剪去多餘的
斜紋布帶

連同襯棉在縫線
旁做立針縫

包捲縫份

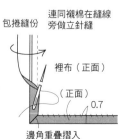

裡布（正面）

（正面）

邊角重疊摺入

## i 萬用包

P79作品

使用圖案**54**

★完成尺寸＝參考圖示
★原寸圖案P78
★本體的原寸紙型於A面

★**材料**
拼布用布……5種茶色系的印花布各20×10cm、後片……茶色平織布20×20cm、裡布・襯棉各40×25cm、滾邊（斜裁）……深褐色格紋3.5×40cm、收縫份用斜紋布帶2.5×10cm、13.5cm長拉鏈1條、胭脂色與綠色的流蘇45cm×1.4cm、直徑0.1cm的細繩10cm、直徑1.2cm的圓形串珠與長2.2 cm的

橢圓形串珠各1顆、各色25號繡線各色適量繡線適量

★**做法**
①拼縫布塊與刺繡，完成前片表布。
②步驟①與襯棉及裡布重疊做壓縫。
③步驟②的上緣加上滾邊。
④重複步驟②和步驟③製作後片。

⑤在前、後片的背面滾邊部分裝上拉鏈。
⑥前、後片正面相對，中間夾入流蘇後縫合。
⑦掛上拉鏈的裝飾。

★**重點** 本作品是在圖案54的左側加上串珠與刺繡。左邊的刺繡請參考書末的原寸紙型。

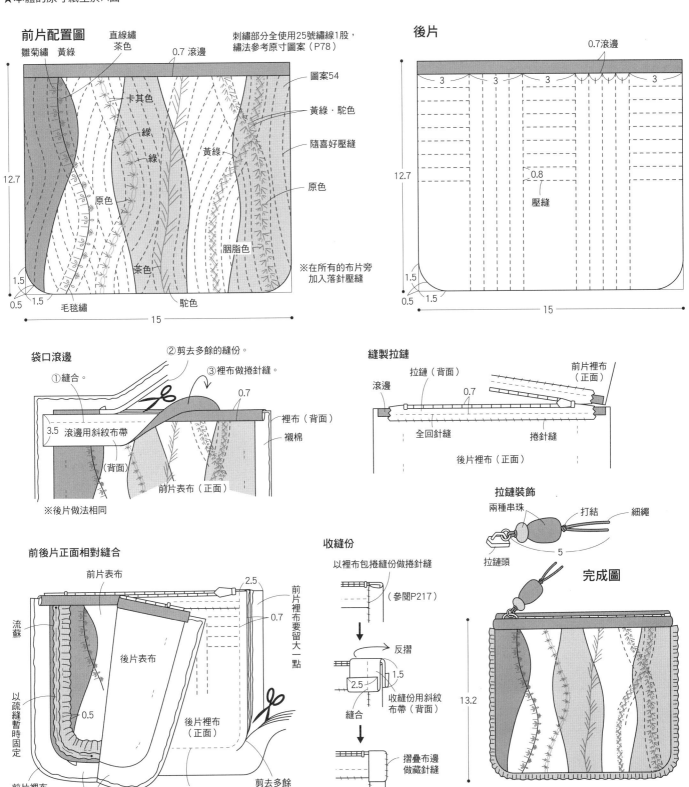

前片配置圖

直線繡 茶色
雛菊繡 黃綠
0.7 滾邊
刺繡部分全使用25號繡線1股，繡法參考原寸圖案（P78）
卡其色
綠
綠
黃綠
原色
原色
胭脂色
茶色
駝色
毛毯繡
12.7
1.5
0.5
1.5
15
圖案54
黃綠・駝色
隨喜好壓縫
※在所有的布片旁加入落針壓縫

後片

0.7滾邊
3 3 3 3
0.8
壓縫
12.7
1.5
0.5
1.5
15

袋口滾邊

①縫合。
②剪去多餘的縫份。
③裡布做捲針縫。
0.7
3.5 滾邊用斜紋布帶
（背面）
裡布（背面）
襯棉
前片表布（正面）
※後片做法相同

縫製拉鏈

滾邊
拉鏈（背面）
前片裡布（正面）
0.7
全回針縫
捲針縫
後片裡布（正面）

前後片正面相對縫合

前片表布
2.5
0.7
前片裡布要留大一點
流蘇
後片表布
以疏縫暫時固定
0.5
後片裡布（正面）
前片裡布（背面）
襯棉
車縫
剪去多餘的縫份

收縫份

以裡布包捲縫份做捲針縫
（參閱P217）
反摺
1.5
2.5
縫合
收縫份用斜紋布帶（背面）
摺疊布邊做藏針縫

拉鏈裝飾

兩種串珠
打結
細繩
拉鏈頭
5

完成圖

13.2
16

# g 方盒

P66的作品

使用圖案47

★完成尺寸=參照圖
★原寸圖案在P65

★材料

拼布・貼布縫用布……灰色系印花布・駝色平織布各20×20cm、碎布適量、盒蓋側面……灰色平織布35×25cm、本體……茶色格紋布40×40cm、裡布・墊布・襯棉各40×80cm、寬1.5cm的原色編帶(braid)80cm、塑膠板A3尺寸1片、25號繡線各色適量

★做法

①在拼布與貼布縫上刺繡，完成盒蓋中間部分的表布。四邊再與側面正面相對縫合。
②步驟①與襯棉及墊布重疊做壓縫。
③步驟②的側面邊緣縫上編帶。裡布正面朝內對摺後，參考圖示縫製轉角部分。
④翻回正面，在盒蓋中間的三個邊用壓縫。
⑤塑膠板塞入盒蓋的中間位置

後縫合。
⑥四片塑膠片分別塞入蓋子的側面，包口的縫份摺向內側做藏針縫。
⑦立起四個側面分別與相鄰側面縫合，整出盒形。
⑧本體的做法同盒蓋。

★重點

在立起側面做捲針縫時，使用curve針(カーブ針)做起來會更順手。

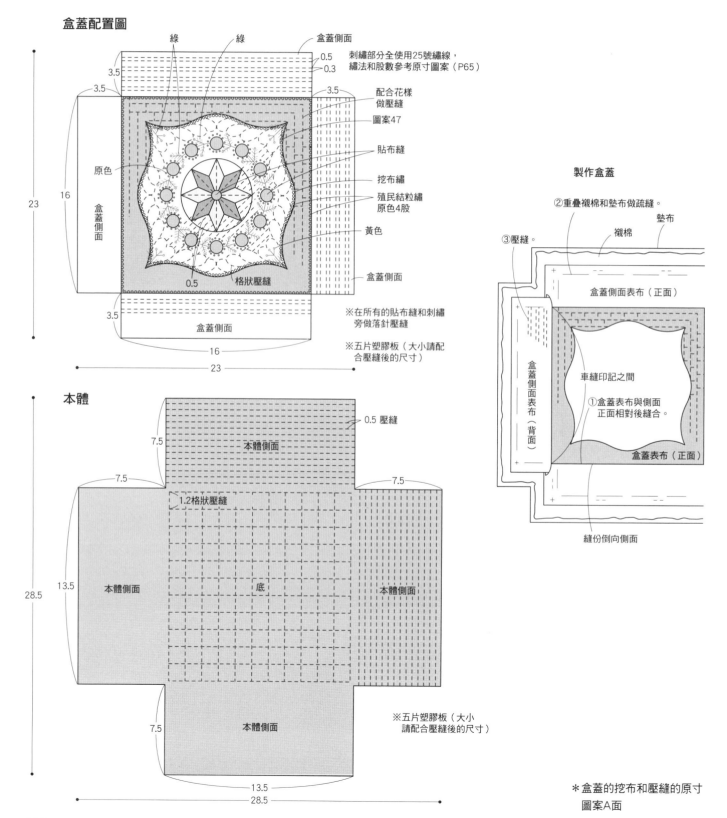

盒蓋配置圖

綠　綠　盒蓋側面

刺繡部分全使用25號繡線，繡法和股數參考原寸圖案(P65)

配合花樣做壓縫
圖案47
貼布縫
挖布繡
殖民結粒繡原色4股
黃色
盒蓋側面

3.5　0.5　0.3
3.5
3.5
原色
16
盒蓋側面
23
0.5　格狀壓縫
3.5
盒蓋側面
16
23

※在所有的貼布縫和刺繡旁做落針壓縫

※五片塑膠板（大小請配合壓縫後的尺寸）

製作盒蓋

②重疊襯棉和墊布做疏縫。
墊布
襯棉
③壓縫。
盒蓋側面表布（正面）
盒蓋側面表布（背面）
車縫印記之間
①盒蓋表布與側面正面相對後縫合。
盒蓋表布（正面）
縫份倒向側面

本體

0.5 壓縫
7.5
本體側面
7.5
7.5
1.2格狀壓縫
13.5
28.5
本體側面
底
本體側面
7.5
本體側面
13.5
28.5

※五片塑膠板（大小請配合壓縫後的尺寸）

＊盒蓋的挖布和壓縫的原寸圖案A面

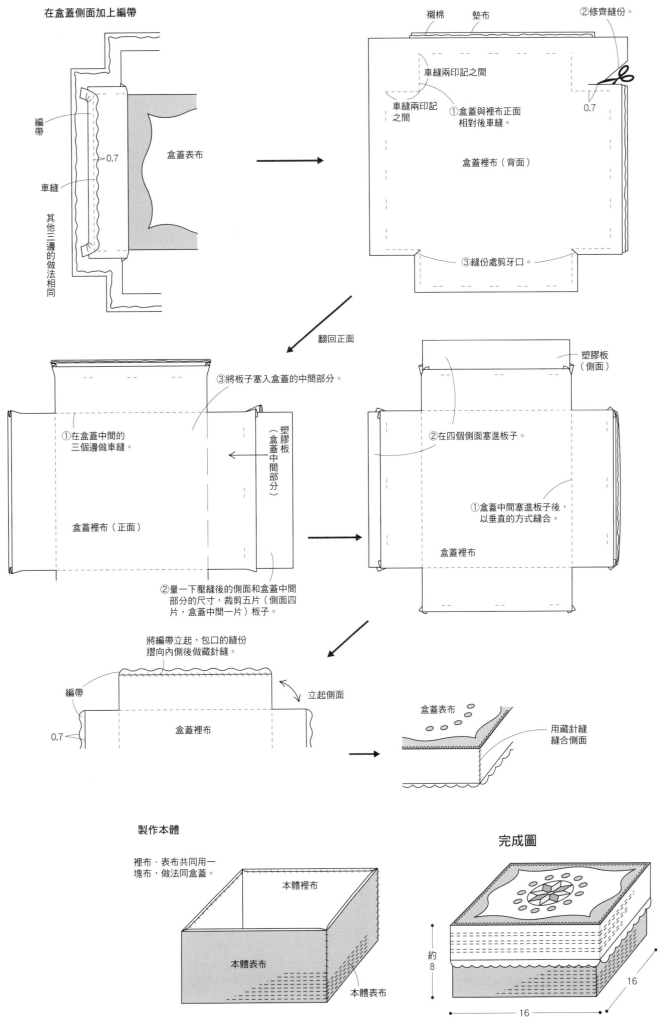

在盒蓋側面加上編帶

編帶

0.7

盒蓋表布

車縫

其他三邊的做法相同

襯棉　　墊布

②修齊縫份。

車縫兩印記之間

車縫兩印記之間

①盒蓋與裡布正面相對後車縫。

盒蓋裡布（背面）

0.7

③縫份處剪牙口。

翻回正面

①在盒蓋中間的三個邊做車縫。

③將板子塞入盒蓋的中間部分。

塑膠板（盒蓋中間部分）

盒蓋裡布（正面）

②量一下壓縫後的側面和盒蓋中間部分的尺寸，裁剪五片（側面四片，盒蓋中間一片）板子。

塑膠板（側面）

②在四個側面塞進板子。

①盒蓋中間塞進板子後，以垂直的方式縫合。

盒蓋裡布

將編帶立起，包口的縫份摺向內側後做藏針縫。

編帶

0.7

盒蓋裡布

立起側面

盒蓋表布

用藏針縫縫合側面

製作本體

裡布‧表布共同用一塊布，做法同盒蓋。

本體裡布

本體表布

本體表布

完成圖

約8

16

16

# h 圓盒

P74的作品

使用圖案 **51**

★完成尺寸＝參考圖示
★原寸圖案在P73

★原寸圖案在P73

## ★材料

盒蓋……淺茶色印花布25×25cm、貼布縫用布……綠色印花布適量、盒蓋側面……淺茶色條紋布7×60cm、本體側面和內側布‧底部內側……茶色系本紋布40×90cm、底部外側……茶色平織布20×20cm、口布……深褐色木紋（斜裁）7×55cm、盒蓋和側面的裡布……30×60cm、墊布110×30cm、襯棉110×50cm、滾邊（斜裁）……淡茶色格紋布3.8×60cm、滾邊條（內含細繩）……茶色格紋（斜裁）2.5×60cm、芯用圓細繩直徑0.3×60cm、布襯30×60cm、塑膠板A3尺寸1片、直徑0.7cm‧2.5cm串珠各一顆、直徑2cm的鈕釦一個、25號繡線各色適量

## ★做法

①做貼布縫與刺繡，完成盒蓋表布，和襯棉及墊布重疊後做壓縫。

②將做好壓縫的盒蓋側面，以及貼上布襯的裡布各自縫成環狀，與外層貼合。

③將步驟①和步驟②正面相對夾入滾邊條（含細繩）後縫合。在塞入板子的裡布上做捲針縫，邊緣加上滾邊。用串珠和鈕釦做成把手。

④縫製16片的本體側面和底部外側，正面相對後縫合。底部塞入板子，在底部內側做捲針縫。

⑤起16片的側面塞入板子，側面上側與口布正面相對以捲針縫縫合。用口布包捲縫份，在側面內側布上做捲針縫。

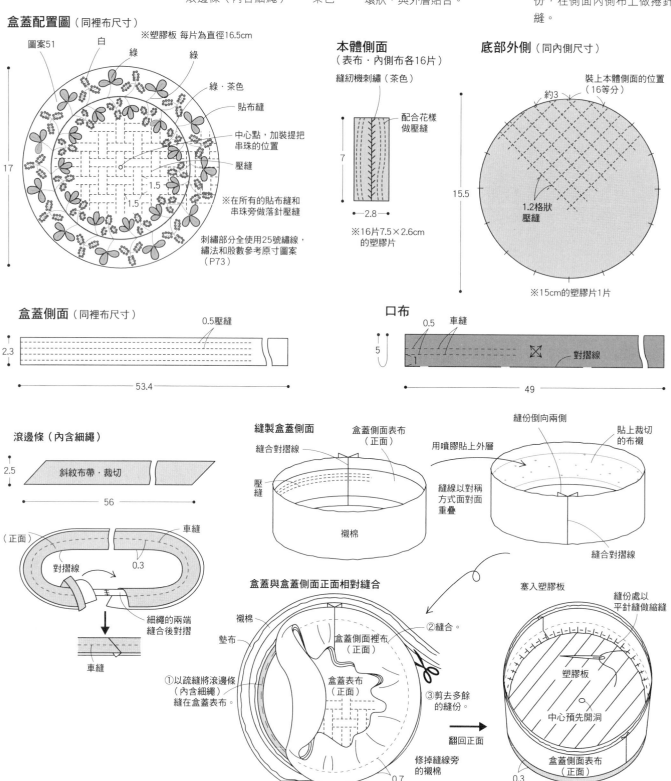

### 盒蓋配置圖（同裡布尺寸）

※塑膠板 每片為直徑16.5cm

圖案51　白
綠　綠
綠‧茶色
貼布縫
中心點，加裝提把串珠的位置
壓縫
17
1.5
1.5
※在所有的貼布縫和串珠旁做落針壓縫
刺繡部分全使用25號繡線，繡法和股數參考原寸圖案（P73）

### 本體側面
（表布‧內側布各16片）

縫紉機刺繡（茶色）
配合花樣做壓縫
7
2.8
※16片7.5×2.6cm的塑膠片

### 底部外側（同內側尺寸）

裝上本體側面的位置（16等分）
約3
15.5
1.2格狀壓縫
※15cm的塑膠片1片

### 盒蓋側面（同裡布尺寸）

0.5壓縫
2.3
53.4

### 口布

0.5　車縫
5
1
對摺線
49

### 滾邊條（內含細繩）

2.5
斜紋布帶‧裁切
56

（正面）
車縫
對摺線
0.3
細繩的兩端縫合後對摺
車縫

### 縫製盒蓋側面

盒蓋側面表布（正面）
縫合對摺線
壓縫
襯棉
用噴膠貼上外層
縫線以對稱方式面對面重疊
縫份倒向兩側
貼上裁切的布襯
縫合對摺線

### 盒蓋與盒蓋側面正面相對縫合

襯棉
墊布
②縫合。
盒蓋側面裡布（正面）
盒蓋表布（正面）
③剪去多餘的縫份。
①以疏縫將滾邊條（內含細繩）縫在盒蓋表布上。
翻回正面
修掉縫線旁的襯棉
0.7
滾邊條（內含細繩）

塞入塑膠板
縫份處以平針縫做縮縫
塑膠板
中心預先開洞
盒蓋側面表布（正面）
0.3

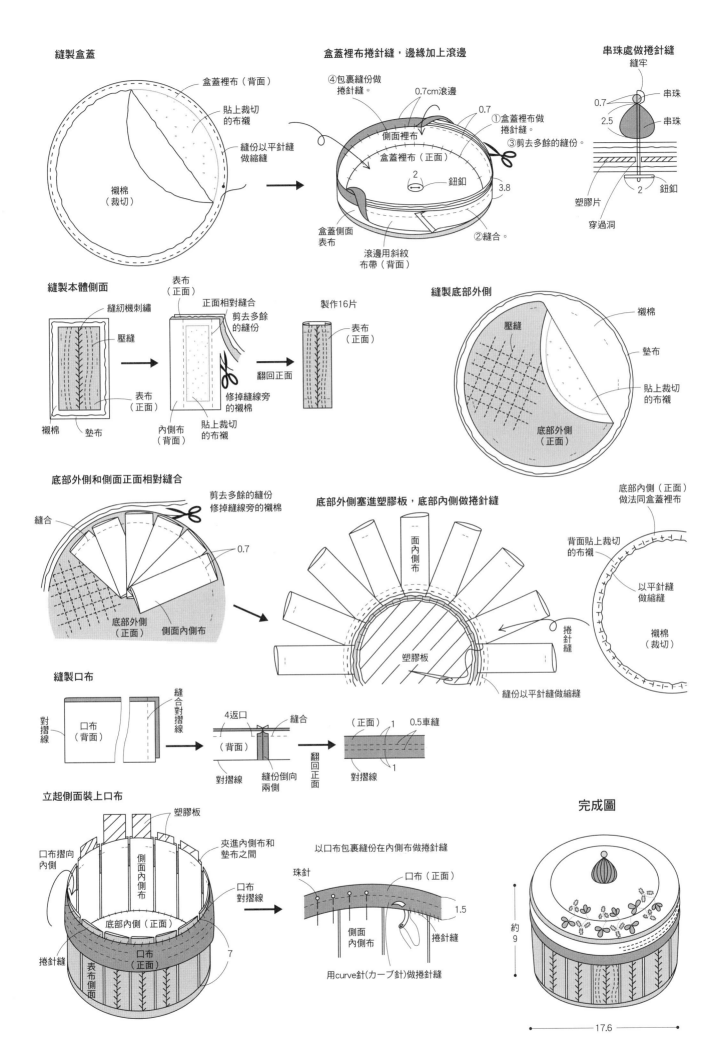

縫製盒蓋

盒蓋裡布（背面）

貼上裁切的布襯

縫份以平針縫做縮縫

襯棉（裁切）

盒蓋裡布捲針縫，邊緣加上滾邊

④包裹縫份做捲針縫。

0.7cm滾邊

0.7

側面裡布

①盒蓋裡布做捲針縫。

③剪去多餘的縫份。

盒蓋裡布（正面）

鈕釦

2

盒蓋側面表布

滾邊用斜紋布帶（背面）

②縫合。

3.8

串珠處做捲針縫

縫牢

串珠

0.7

串珠

2.5

塑膠片

穿過洞

2

鈕釦

縫製本體側面

縫紉機刺繡

壓縫

襯棉

墊布

正面相對縫合剪去多餘的縫份

表布（正面）

製作16片

表布（正面）

翻回正面

表布（正面）

內側布（背面）

貼上裁切的布襯

修掉縫線旁的襯棉

縫製底部外側

壓縫

襯棉

墊布

貼上裁切的布襯

底部外側（正面）

底部外側和側面正面相對縫合

縫合

剪去多餘的縫份修掉縫線旁的襯棉

0.7

底部外側（正面）

側面內側布

底部外側塞進塑膠板，底部內側做捲針縫

面內側布

塑膠板

捲針縫

縫份以平針縫做縮縫

底部內側（正面）做法同盒蓋裡布

背面貼上裁切的布襯

以平針縫做縮縫

襯棉（裁切）

縫製口布

對摺線

口布（背面）

縫合對摺線

4返口

縫合

（背面）

對摺線

縫份倒向兩側

翻回正面

（正面）

1

0.5車縫

1

對摺線

立起側面裝上口布

塑膠板

口布摺向內側

側面內側布

夾進內側布和墊布之間

口布對摺線

底部內側（正面）

捲針縫

表布側面

口布（正面）

7

以口布包裹縫份在內側布做捲針縫

珠針

口布（正面）

側面內側布

1.5

捲針縫

用curve針(カーブ針)做捲針縫

完成圖

約9

17.6

205

j

側背包

P82的作品

使用圖案 **56**

★完成尺寸＝參考圖示
★原寸圖案參閱P81

★材料

拼布・貼布縫刺繡用布……灰色格紋30×45cm・駝色平織30×30cm・淺茶色格紋・水藍色格紋等布各適量・本體・側幅……駝色條紋布70×40cm、包蓋的銜接布・小布環……灰色平織布30×10cm、裡布・襯棉各90×50cm、滾邊（斜裁）……灰色平織布3.5×120cm、布襯65×10cm、直徑1.6cm的磁釦1組、內徑2.3cm的D字環2個、寬1.5cm附勾環的肩帶一條、25號繡線各色適量

★做法

①在拼布與貼布縫上刺繡，完成包蓋的表布。
②步驟①與襯棉及裡布重疊做壓縫，三個邊加上滾邊（量一下壓縫後的尺寸以調整配置圖括號內的數字）。
③本體表布與襯棉及裡布重疊做壓縫。同樣的縫製兩片（前片和片）。
④步驟②在疊在步驟③的後片

上，步驟②的上面再放上包蓋銜接布後縫合。
⑤將側幅表布與襯棉及裡布重疊後做壓縫。
⑥製做小布環，把它縫在側幅上。
⑦本體與側幅正面相對後縫合，並收縫份。
⑧袋口加上滾邊。
⑨布包裹在磁釦後，縫在包蓋的內側與本體的前側。
⑩將肩帶勾住D字環。

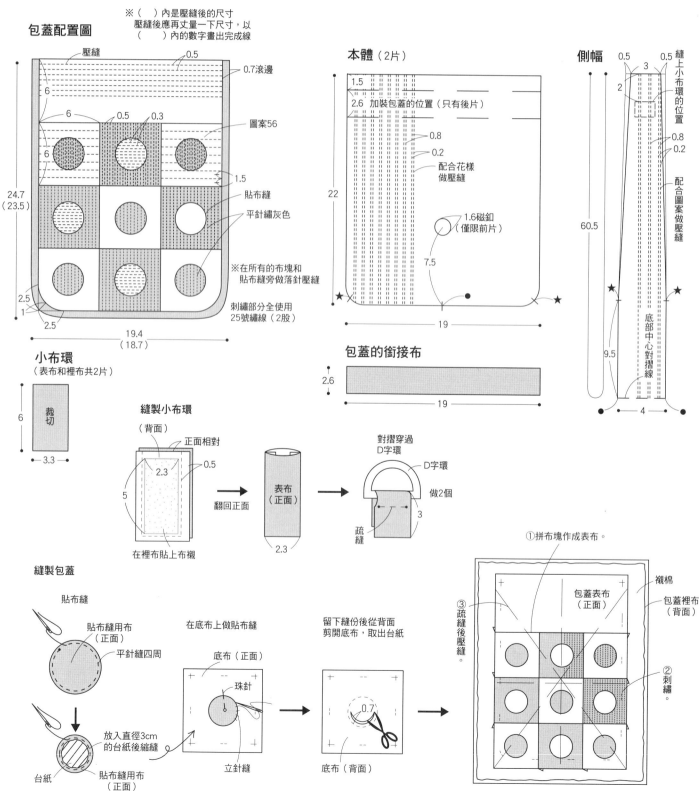

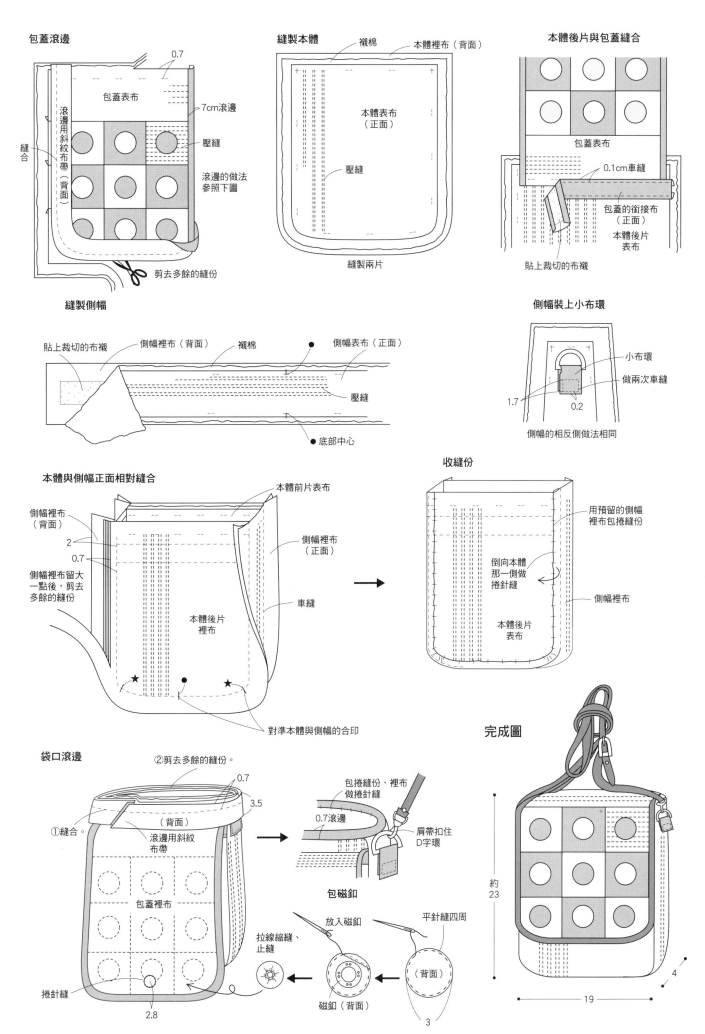

包蓋滾邊

0.7

包蓋表布

7cm滾邊

壓縫

滾邊用斜紋布帶（背面）

縫合

滾邊的做法參照下圖

剪去多餘的縫份

縫製本體

襯棉

本體裡布（背面）

本體表布（正面）

壓縫

縫製兩片

本體後片與包蓋縫合

包蓋表布

0.1cm車縫

包蓋的銜接布（正面）

本體後片表布

貼上裁切的布襯

縫製側幅

貼上裁切的布襯

側幅裡布（背面）

襯棉

側幅表布（正面）

壓縫

底部中心

側幅裝上小布環

小布環

做兩次車縫

1.7

0.2

側幅的相反側做法相同

本體與側幅正面相對縫合

本體前片表布

側幅裡布（背面）

2

0.7

側幅裡布留大一點後，剪去多餘的縫份

側幅裡布（正面）

車縫

本體後片裡布

對準本體與側幅的合印

收縫份

用預留的側幅裡布包捲縫份

倒向本體那一側做捲針縫

側幅裡布

本體後片表布

袋口滾邊

②剪去多餘的縫份。

0.7

3.5

①縫合。

（背面）

滾邊用斜紋布帶

包蓋裡布

捲針縫

2.8

包捲縫份，裡布做捲針縫

0.7滾邊

肩帶扣住D字環

包磁釦

放入磁釦

平針縫四周

拉線縮縫、止縫

磁釦（背面）

（背面）

3

完成圖

約23

19

4

207

**k**

手提包

P90的作品

使用圖案**62·102**

★完成尺寸＝參考圖示
★原寸圖案在P89、P134

### ★材料

本體……淺茶色格紋布30×80cm、口布……灰色格紋布30×50cm（含貼邊及提把銜接布）、灰色印花布10×50cm、中袋25×70cm、襯棉50×80cm、收縫份用斜紋布帶2.5×50cm、布襯10×45cm、內徑12cm的金屬製提把一對、灰色5號繡線及各色25號繡線適量

### ★做法

①本體表布與襯棉重疊後，做壓縫及刺繡（兩邊的刺繡圖案稍微留下一些先不繡）。

縫製兩片。

②步驟①的兩片布塊正面相對縫合兩個脇邊，並做完剩下的刺繡。接著縫合底部和底部側幅。

③縫製中袋，背對背放入本體內。袋口抓出皺摺用疏縫固定。

④做貼布縫與刺繡，完成口布表布，再疊上襯棉做壓縫。正面朝內對摺縫成環狀。

⑤貼邊貼上襯，正面朝內對摺，縫合成環狀。

⑥口布和貼邊正面相對，中間夾入本體後縫合。

⑦縫製提把銜接布，並用疏縫將它縫在步驟⑥的口布上。袋口的縫份用斜紋布帶包捲收邊。

⑧以提把銜連布包住提把，在貼邊做藏針縫。

### ★重點

將口布上的波形貼布縫的中心點，當成口布前後側的中心點，在縫合成環狀時脇邊的圖案要能銜接而不中斷。

口布（同貼邊的尺寸）

除標示處外，皆使用25號繡線，股數請參閱P134。

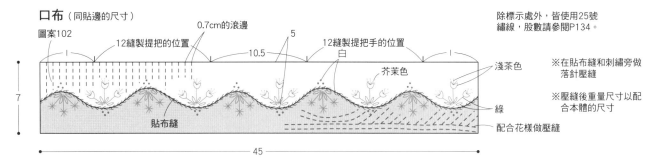

本體（中袋尺寸，各兩片）

提把銜接布（表布與裡布各兩片）

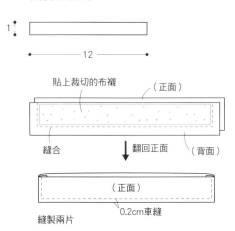

製作本體

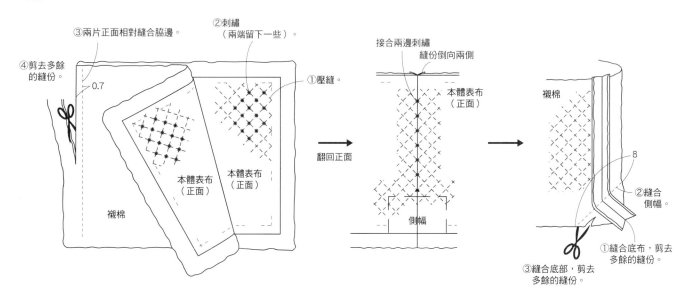

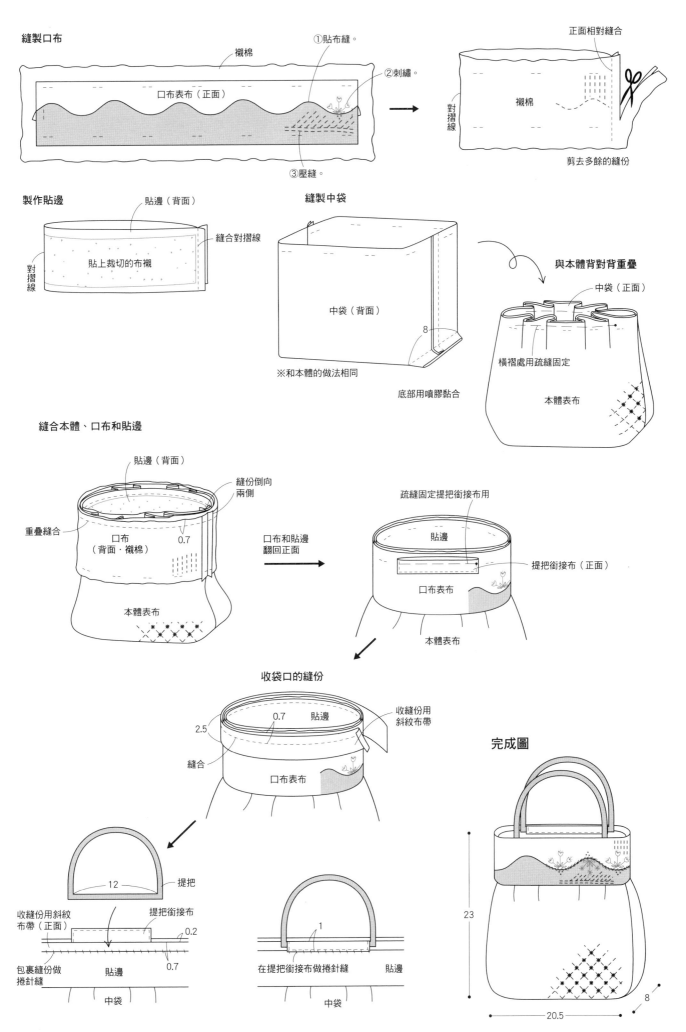

縫製口布

襯棉

口布表布（正面）

①貼布縫。

②刺繡。

③壓縫。

正面相對縫合

對摺線

襯棉

剪去多餘的縫份

製作貼邊

貼邊（背面）

縫合對摺線

對摺線

貼上裁切的布襯

縫製中袋

中袋（背面）

※和本體的做法相同

底部用噴膠黏合

8

與本體背對背重疊

中袋（正面）

橫褶處用疏縫固定

本體表布

縫合本體、口布和貼邊

貼邊（背面）

縫份倒向兩側

重疊縫合

口布（背面・襯棉）

0.7

本體表布

口布和貼邊翻回正面

疏縫固定提把銜接布用

貼邊

提把銜接布（正面）

口布表布

本體表布

收袋口的縫份

2.5

0.7

貼邊

收縫份用斜紋布帶

縫合

口布表布

完成圖

提把

12

收縫份用斜紋布帶（正面）

提把銜接布

0.2

包裹縫份做捲針縫

貼邊

0.7

中袋

在提把銜接布做捲針縫

1

貼邊

中袋

23

20.5

8

# 1 鉛筆盒

P131的作品

使用圖案**99**

★完成尺寸＝參考圖示
★原寸圖案在P130

★材料

前片底布……駝色系英文字母圖案布15×25cm、後片……駝色格紋布15×25cm、底部……茶色系格子布、側幅……茶色相間的格子布10×15cm、裡布‧襯棉各30×40cm、滾邊（斜裁）……黑色格紋布3.5×50cm、拉鏈包邊用布‧拉鏈飾布……碎布適量、21.5cm長拉鏈1條、貓咪拉鏈吊飾1個、直徑0.1cm的細繩適量、25號繡線黑色適量

★做法

①在前片底布上做刺繡，與底部及後片接縫，完成本體表布。
②步驟①與裡布正面相對，疊上襯棉後縫合兩側。
③步驟②翻回正面做壓縫。
④在前、後片的上緣縫上拉鏈後滾邊，將本體做成環狀。
⑤用布將一小段多出來的拉鏈收邊。
⑥縫製側幅。將表布與裡布正面相對後疊上襯棉，留下返口後縫合四周。接著翻回正面做壓縫。正面朝內對摺縫製橫褶。
⑦本體與側幅背對背，抓住布邊以垂直的方式縫合。
⑧在拉鏈頭掛上吊飾。

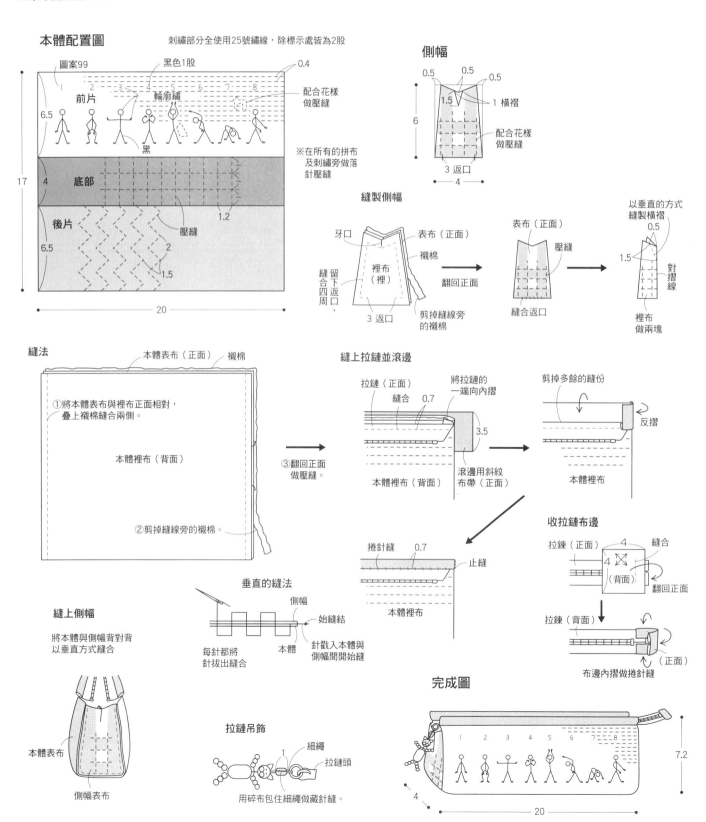

**布書衣**

P138的作品

使用圖案**104**

★完成尺寸＝參考圖示

★原寸圖案在P137

★材料

本體底布……駝色底蜜蜂圖案印花布20×40cm、固定圈帶……駝色格紋布7×20cm、裡布20×40cm、薄布襯……20×35cm、滾邊（斜裁）……茶色格紋布3.5×20 cm、25號繡線深灰色適量

★做法

①在底布上做刺繡，做成本體表布。

②步驟①的背面貼上布襯。

③縫製圈環。在裡布貼上布襯，將表布正面朝內對摺後縫合兩側。

④步驟②與裡布正面相對，中間夾入圈環。留下返口，縫合四周。

⑤步驟④翻回正面。用熨斗整燙，返口加上滾邊。

⑥對準摺疊線將插袋部分向內摺，只有表布做藏針縫。

★重點　將布書衣套在書上，配合書的厚度摺另一個摺口，且將書衣塞進固定帶中。

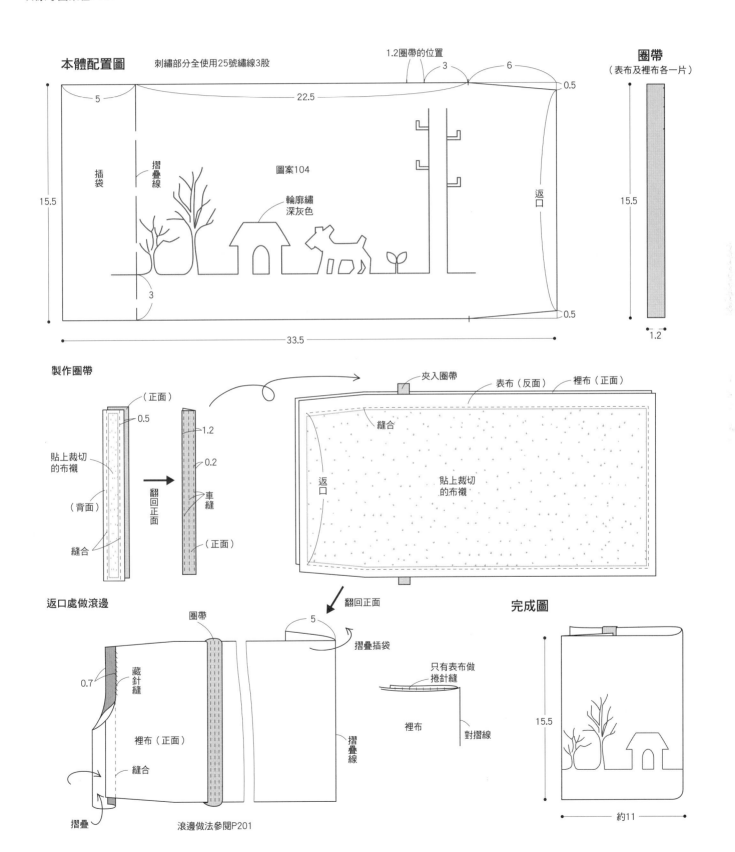

# n 長包

P139的作品

使用圖案**105**

★完成尺寸＝參考圖示
★原寸圖案在P141
★本體的原寸紙型A面

★材料

拼布‧貼布縫用布……駝色草木花紋‧茶色系平織布各20×35cm、茶色系格紋布10×30cm、茶色系印花布適量、提把……深藍色水珠花紋15×20cm（包括裡布）、提把貼布縫用布‧布拉環‧拉鏈飾布……碎布適量、裡布‧襯棉各40×50cm、收縫份用斜紋布帶2.5×15cm、厚布襯3cm×15、布襯3.5cm×20cm、長26cm拉鍊1條、直徑1.5cm扣子2個、長2cm木珠1顆、直徑0.1cm細繩適量、25號繡線各色適量

★做法

①在前片底布上做貼布縫與刺繡。
②步驟①與底部及後片正面相對縫合，做成本體表布。
③步驟②與裡布正面相對疊上襯棉，再分別縫合前後片◎到★的位置。
④步驟③翻回正面做壓縫。
⑤本體正面朝內對摺後縫合兩側，收縫份。
⑥縫製側幅。縫份以收縫用斜紋布帶包捲。
⑦縫製布拉環及提把。
⑧在本體裝上布拉環及拉鏈。
⑨以藏針縫將提把縫在本體上，兩側各縫上一顆釦子。
⑩加上拉鏈裝飾物。

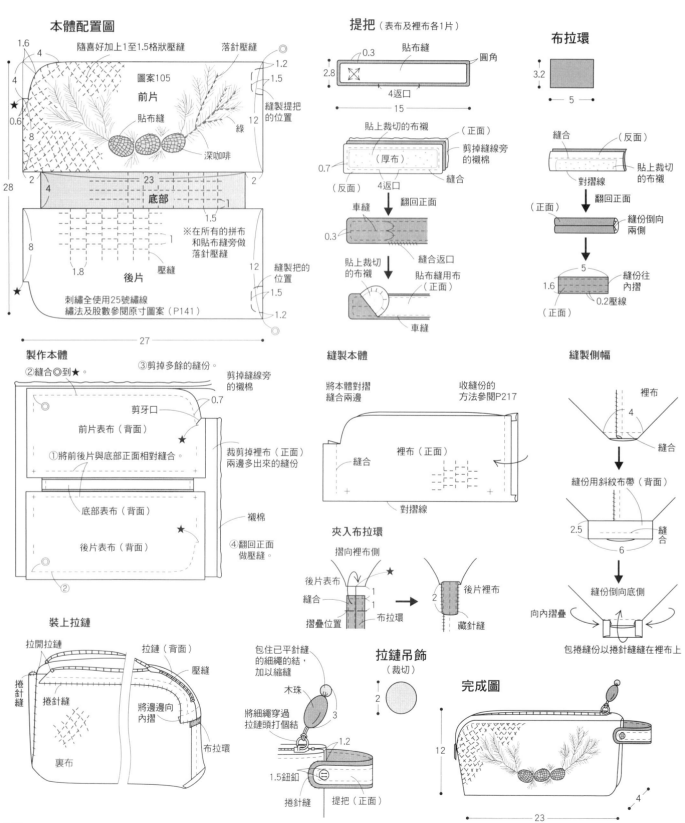

# t 壁掛

P169的作品

使用圖案**112**至**120**

★完成尺寸＝97×118cm

★原寸圖案在P161至P167，P171
至P179

★材料

拼布・貼布縫用布……駝色條紋布90×110cm，駝色系樹木印花布適量、碎布適量、裡布・襯棉各110×130cm、縫份用斜紋布帶2.5×440cm、25號繡線各色適量

★做法

①在拼縫布塊、貼布縫及刺繡，完成表布。

②步驟①與襯棉及裡布重疊做壓縫。

③參考圖示收四周的縫份。

★**重點** 雖然是每三個圖案排成一排，但相鄰的圖案拼縫後，卻能自然地銜接在一起。另外，配合刺繡和貼布縫的花樣，以

及底布的紋路，均衡地壓縫上波紋狀的線條。樹幹、樹枝，以及房子的屋頂等最好在沿刺繡圖案旁做落針壓縫。此作品的圖案之底布及周圍的邊框，使用了將三種樹木圖案每兩種混和的印花布。使用同一塊布的尺寸為110×230cm。

## 配置圖

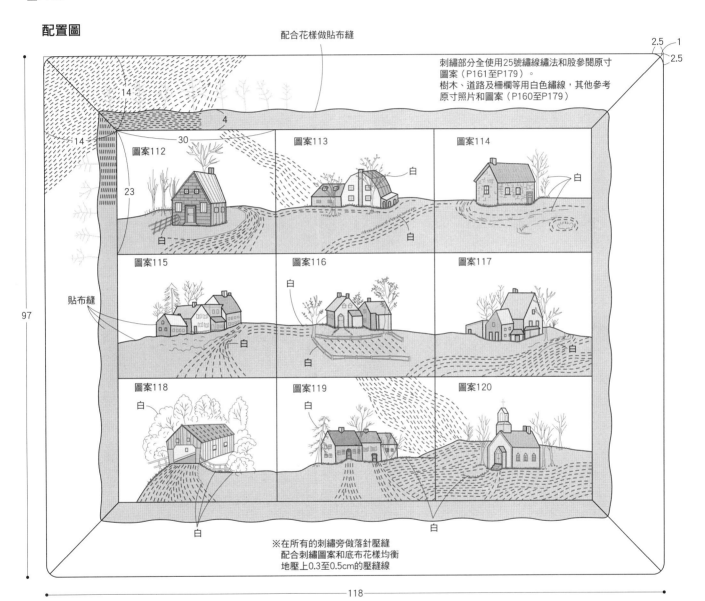

配合花樣做貼布縫

刺繡部分全使用25號繡線繡法和股參閱原寸圖案（P161至P179）。
樹木、道路及柵欄等用白色繡線，其他參考原寸照片和圖案（P160至P179）

2.5　1
2.5

14
4
14
30　圖案112
23
白
白
貼布縫
圖案113　白
白
圖案114　白
圖案115
白
圖案116　白
白
圖案117
白
97
圖案118　白
圖案119　白
圖案120
白
白

※在所有的刺繡旁做落針壓縫
配合刺繡圖案和底布花樣均衡
地壓上0.3至0.5cm的壓縫線

118

## 收縫份的方法

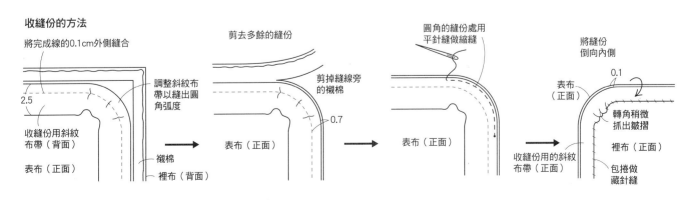

將完成線的0.1cm外側縫合

2.5

收縫份用斜紋布帶（背面）

表布（正面）

調整斜紋布帶以縫出圓角弧度

襯棉

裡布（背面）

剪去多餘的縫份

剪掉縫線旁的襯棉

表布（正面）

0.7

圓角的縫份處用平針縫做縮縫

表布（正面）

將縫份倒向內側

0.1

表布（正面）

收縫份用的斜紋布帶（正面）

轉角稍微抓出皺摺

裡布（正面）

包捲做藏針縫

迷你包

P146的作品

使用圖案 **107**

★完成尺寸＝參考圖示
★原寸圖案在P145
★B・後片和口袋的原寸紙型A面

★材料

前片A……駝色系植物圖案布15×30cm・口袋・後片……淺茶色英文字母圖案布25×70 cm、小布環……茶色格子布紋15×15cm（含拉鏈裝飾用布）、前片B・裡布55×70cm、收縫份用斜紋布帶2.5×70cm、布襯20×30cm、雙面布襯15×30cm、16cm・24cm長的拉鏈各1條、寬1cm的淺灰色仿麂皮緞帶68cm、直徑1.2cm的木珠2粒、裝飾拉鏈用的串珠2顆、直徑0.1cm的細繩適量、25號繡線綠色及深褐色各適量

★做法

①口袋表布與裡布正面相對，疊上襯棉後縫合上側。接著翻回正面做壓縫，縫製上拉鍊。

②以雙面布襯黏合兩片的前片B，將它疊在步驟1的下面。

③做刺繡，完成前片A表布。

將它與裡布正面相對再疊上襯棉後，縫合上側。接著翻回正面，在A上做壓縫。

④後片表布與貼上布襯的裡布重疊做壓縫，並收袋口的縫份。

⑤前片袋口比照步驟4收縫份。後片正面朝內對摺，中間夾入小布環後縫合，並收縫份。

⑥在提把和拉鏈掛上飾物。

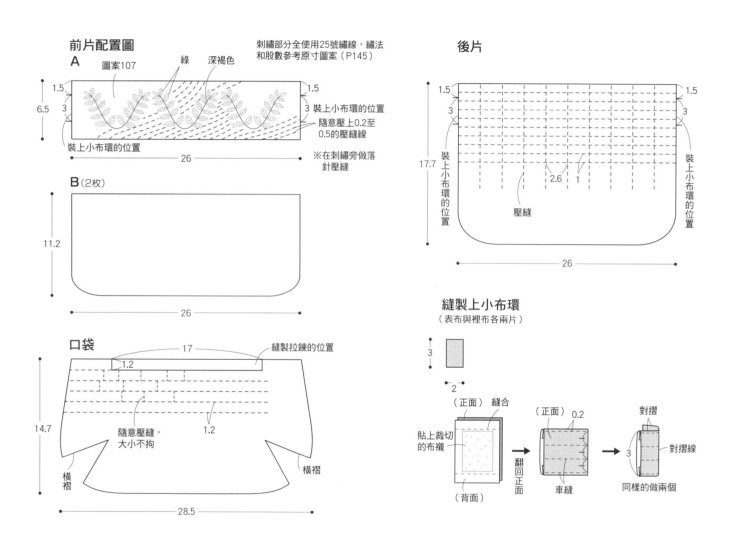

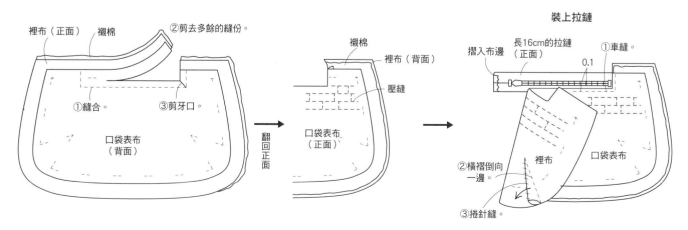

## 縫製前片

將兩片B貼在外層

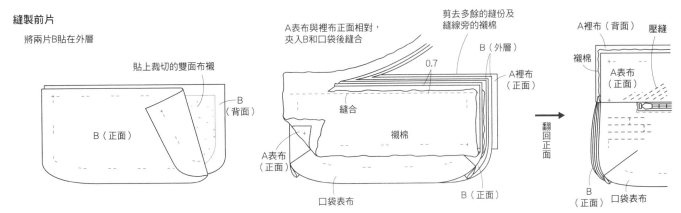

貼上裁切的雙面布襯

B（正面）

B（背面）

A表布與裡布正面相對，夾入B和口袋後縫合

剪去多餘的縫份及縫線旁的襯棉

0.7

B（外層）

A裡布（正面）

縫合

襯棉

A表布（正面）

口袋表布

B（正面）

翻回正面

A裡布（背面）

壓縫

襯棉

A表布（正面）

B（正面）

口袋表布

## 縫製後片

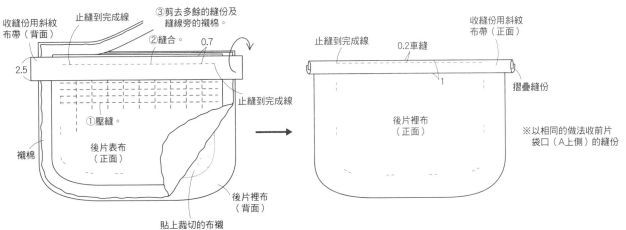

收縫份用斜紋布帶（背面）

止縫到完成線

③剪去多餘的縫份及縫線旁的襯棉。

②縫合。

0.7

止縫到完成線

2.5

①壓縫。

後片表布（正面）

襯棉

後片裡布（背面）

貼上裁切的布襯

止縫到完成線

0.2車縫

1

後片裡布（正面）

收縫份用斜紋布帶（正面）

摺疊縫份

※以相同的做法收前片袋口（A上側）的縫份

## 前、後片正面相對縫合

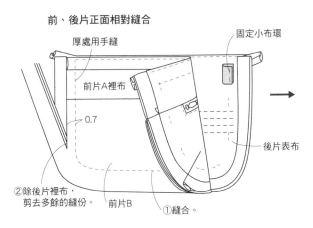

厚處用手縫

固定小布環

前片A裡布

0.7

②除後片裡布，剪去多餘的縫份。

前片B

①縫合。

後片表布

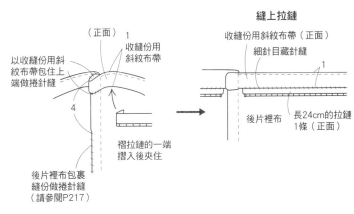

（正面）

1

收縫份用斜紋布帶

以收縫份用斜紋布帶包住上端做捲針縫

4

褶拉鏈的一端摺入後夾住

後片裡布包裹縫份做捲針縫（請參閱P217）

### 縫上拉鏈

收縫份用斜紋布帶（正面）

細針目藏針縫

1

後片裡布

長24cm的拉鏈1條（正面）

## 完成圖

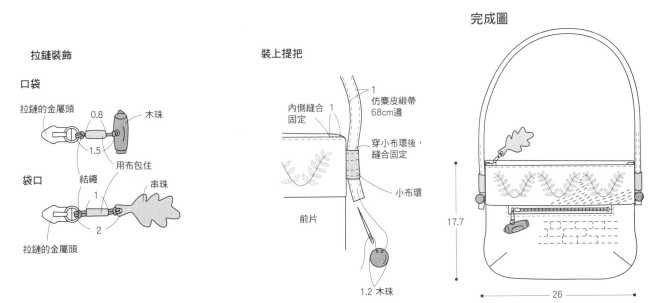

### 拉鏈裝飾

**口袋**

拉鏈的金屬頭

0.8

1.5

木珠

用布包住

**袋口**

結繩

1

2

串珠

拉鏈的金屬頭

### 裝上提把

內側縫合固定

1

1

仿麖皮緞帶68cm邊

穿小布環後，縫合固定

小布環

前片

1.2 木珠

17.7

26

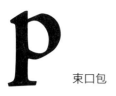

# P 束口包

P147的作品

使用圖案**103**

★完成尺寸＝參考圖示

★原寸圖案在P135

**★材料**

拼布・貼布用布……深褐色竹籃圖案印花布・駝色系印花布各15×40cm・淺綠色印花布10×40、穿繩布環……茶色平織布12×10cm、繩擋用布……碎布適量、裡布・襯棉各30×45cm、內徑1cm的木圈環8個、綠色及茶色寬0.5cm的扁平繩各50cm、1cm正方的串珠2粒、25號繡線各色適量

**★做法**

①在拼縫布塊與貼布縫上刺繡，完成本體表布（左右兩側的刺繡保留一點不繡）。

②縫製穿繩布環，將木圈環穿入後縫住。一共做8個，再將它們用疏縫縫在本體表布的上側。

③步驟②與裡布正面相對，疊上襯棉後縫合上側。接著翻回正面車縫及壓縫。

④本體正面朝內對摺，縫脇邊和底部，並用預留的裡布包捲縫份。

⑤繡完步驟①處未完成的刺繡，並做壓縫。

⑥將兩條扁平繩分別由不同方向穿入木圈環內，繩端加上木珠和繩擋用布。

**★重點**　每4cm大的荷葉邊為一個刺繡單位，左右兩側在袋形縫好後再補繡，以便完整銜接圖案，並做落針壓縫。

## 本體配置圖

刺繡部分全使用25號繡線，繡法和股數參考原寸圖案（P135）

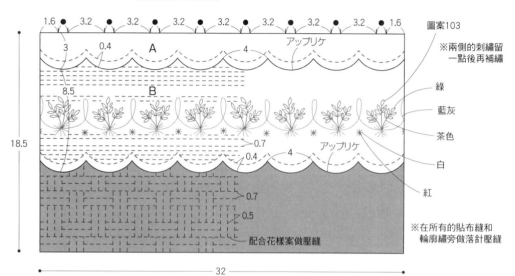

●＝0.8縫上穿繩布環的位置

1.6
3.2
3
0.4
A
4
アップリケ
圖案103
※兩側的刺繡留一點後再補繡
8.5
B
綠
藍灰
茶色
白
紅
18.5
0.7
0.4
0.7
0.5
配合花樣案做壓縫
※在所有的貼布縫和輪廓繡旁做落針壓縫
32


### 穿繩布環用布

（8片）

6
裁切
2.4


### 縫製穿繩布環

對摺線
0.4
（背面）
縫合
以縫線為中心
（正面）
0.8
翻回正面
0.1cm 車縫
穿入木圈環
對摺
0.8
車縫
做8個
以疏縫暫時固定
穿繩布環用布
1
2
本體表布
（正面）


### 裝上穿繩布環

穿繩布環
縫合
襯棉
本體裡布
（正面）
A
修齊重疊的表布
B
裡布多留一點縫份
本體表布（背面）
剪掉縫線旁的
袋口襯棉
本體裡布（背面）
襯棉
翻回正面
0.5
0.1
車縫
本體表布（正面）
壓縫

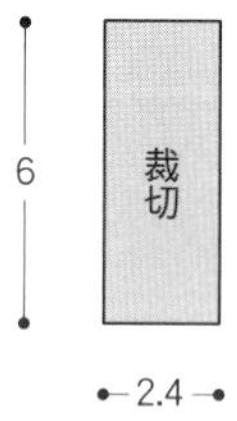

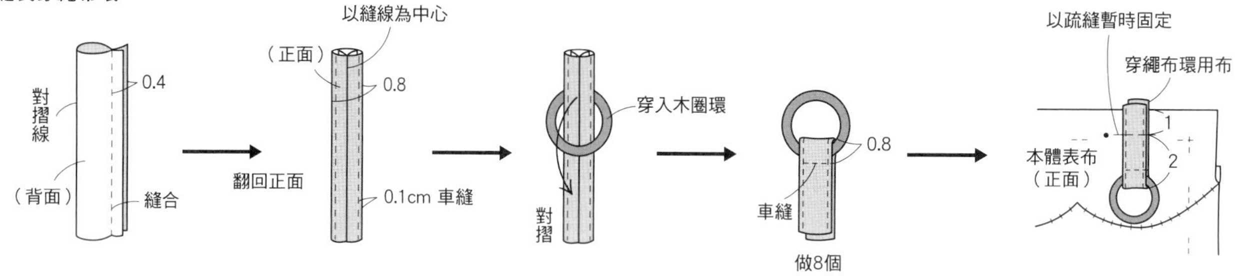

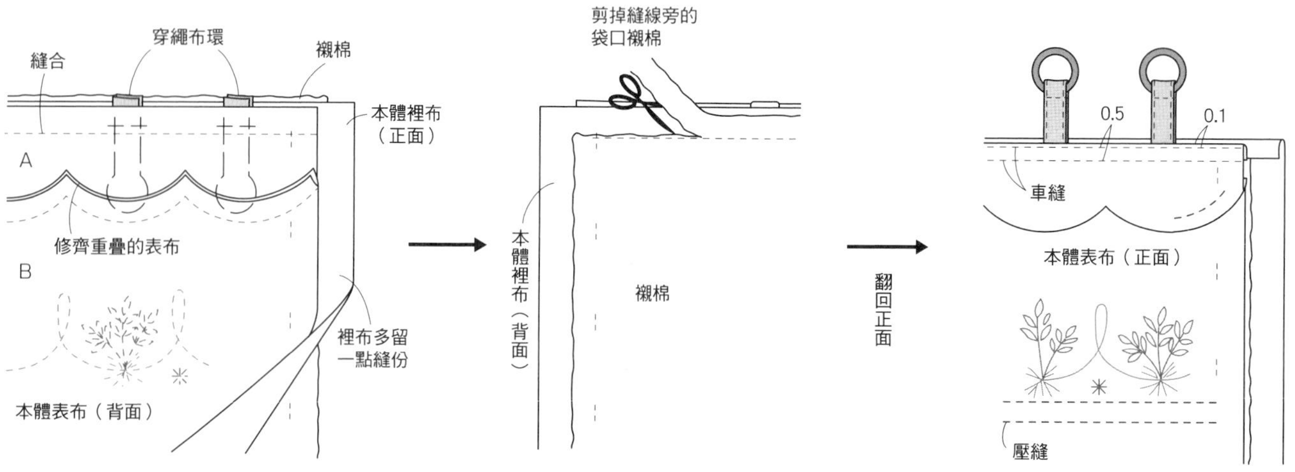

A原寸紙型 （和B的荷葉邊通用）

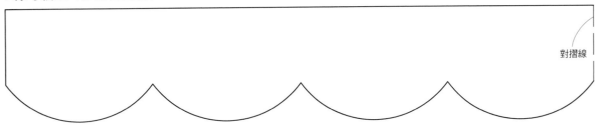

對摺線

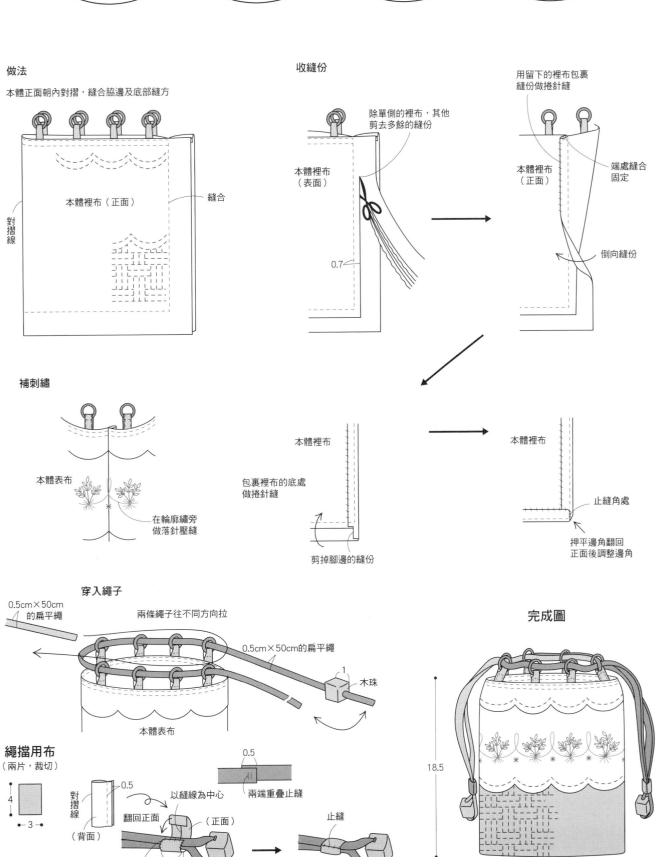

做法

本體正面朝內對摺，縫合脇邊及底部縫方

本體裡布（正面）

縫合

對摺線

收縫份

除單側的裡布，其他剪去多餘的縫份

本體裡布（表面）

0.7

用留下的裡布包裹縫份做捲針縫

本體裡布（正面）

端處縫合固定

倒向縫份

補刺繡

本體表布

在輪廓繡旁做落針壓縫

本體裡布

包裹裡布的底處做捲針縫

剪掉腳邊的縫份

本體裡布

止縫角處

押平邊角翻回正面後調整邊角

穿入繩子

0.5cm×50cm的扁平繩

兩條繩子往不同方向拉

0.5cm×50cm的扁平繩

1 木珠

本體表布

完成圖

18.5

16

繩擋用布

（兩片，裁切）

4

3

對摺線

0.5

（背面）

翻回正面

以縫線為中心

（正面）

0.5

兩端重疊止縫

止縫

止縫

1

2

# q 迷你提籃

P152的作品

使用圖案**109**

★原寸圖案在P151
★完成尺寸＝參考圖示
★提把B的原寸紙型B面

## ★材料

拼布·貼布縫用布……淺茶色植物圖案布13×40cm·水色平織布10×40cm·碎布適量、底部……茶色格紋布15×15cm、提把·提把裡布……駝色條紋布各20×20cm、裡布·墊布·襯棉各40×40cm、布襯25×35cm、寬1.5cm的原色荷葉邊形緞帶40cm、塑膠板10×10cm、25號繡線各色適量·原色燭芯線適量

## ★做法

①在拼縫布塊、貼布縫上刺繡，完成本體表布。
②重疊步驟①與襯棉及墊布做壓縫。
③步驟②正面朝內對摺，縫合成環狀。翻回正面，在開口處貼上荷葉邊形緞帶。
④本體裡布貼上裁切的布襯，和步驟③一樣縫合成環狀，並與本體背對背重疊。
⑤在表布底部疊上襯棉及墊布做壓縫。
⑥本體和底部正面相對縫合，縫份以平針縫做縮縫。
⑦縫製底部裡布，中間塞入塑膠板後用捲針縫合本體底部。
⑧縫製提把，將它縫在本體包口（預留裡布）上。本體包口的縫份摺向內側，立起荷葉邊形緞帶。
⑨包口的裡布縫份摺向內側，用藏針縫縫在本體上。

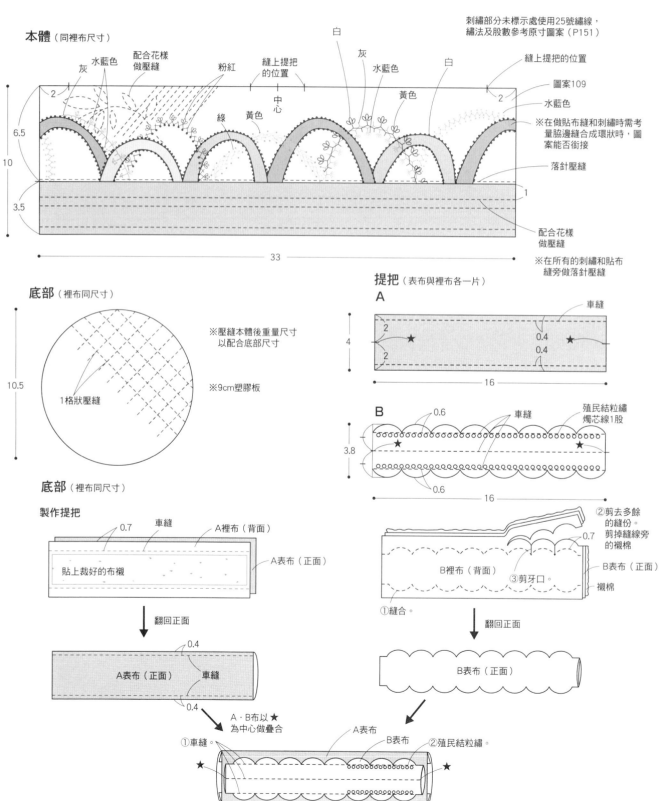

本體（同裡布尺寸）

灰　水藍色　配合花樣做壓縫　粉紅　縫上提把的位置　白　灰　水藍色　白　縫上提把的位置

中心　綠　黃色　黃色

圖案109
水藍色
※在做貼布縫和刺繡時需考量脇邊縫合成環狀時，圖案能否銜接
落針壓縫

刺繡部分未標示處使用25號繡線，繡法及股數參考原寸圖案（P151）

配合花樣做壓縫

※在所有的刺繡和貼布縫旁做落針壓縫

2　6.5　10　3.5　33　2　1

底部（裡布同尺寸）

10.5　1格狀壓縫

※壓縫本體後重量尺寸以配合底部尺寸
※9cm塑膠板

底部（裡布同尺寸）

提把（表布與裡布各一片）

A
車縫
2　0.4　2　0.4
4　16

B
0.6　車縫　殖民結粒繡燭芯線1股
3.8　0.6　16

製作提把

0.7　車縫　A裡布（背面）
貼上裁好的布襯　A表布（正面）

翻回正面

0.4　A表布（正面）　車縫　0.4

A·B布以★為中心做疊合

①縫合。　①車縫。　B裡布（背面）　③剪牙口。　②剪去多餘的縫份。剪掉縫線旁的襯棉　0.7　B表布（正面）　襯棉

翻回正面

B表布（正面）

①車縫。　A表布　B表布　②殖民結粒繡。

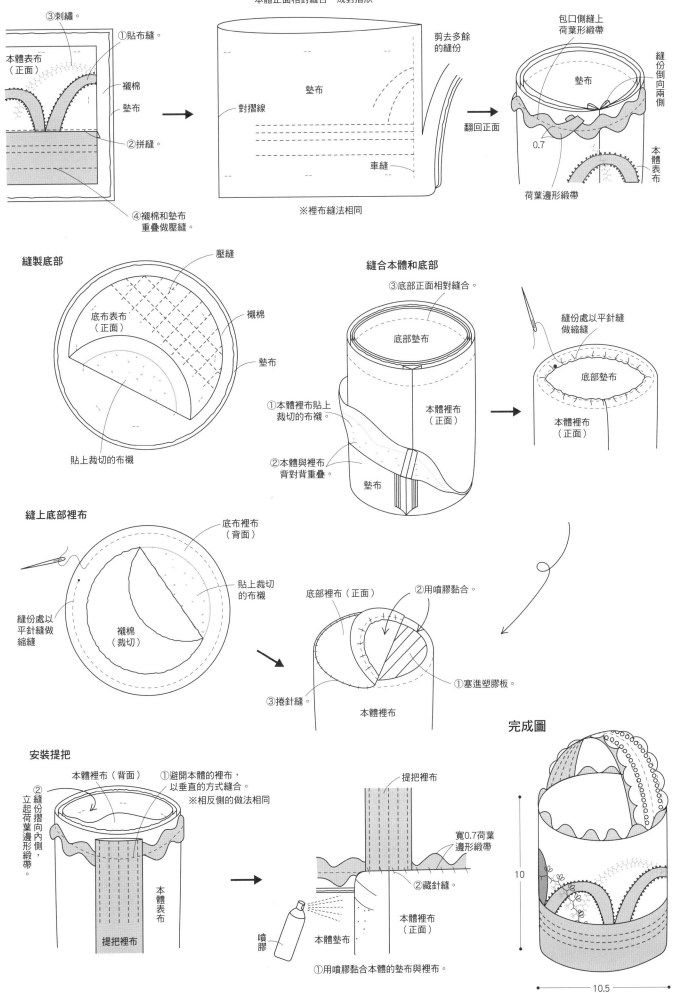

**製作本體**

③刺繡。

①貼布縫。

本體表布（正面）

襯棉

墊布

②拼縫。

④襯棉和墊布重疊做壓縫。

本體正面相對縫合，成對摺狀

剪去多餘的縫份

對摺線

墊布

車縫

※裡布縫法相同

翻回正面

包口側縫上荷葉形緞帶

縫份倒向兩側

墊布

0.7

荷葉邊形緞帶

本體表布

**縫製底部**

壓縫

底布表布（正面）

襯棉

墊布

貼上裁切的布襯

**縫合本體和底部**

③底部正面相對縫合。

底部墊布

①本體裡布貼上裁切的布襯。

②本體與裡布背對背重疊。

本體裡布（正面）

墊布

縫份處以平針縫做縮縫

底部墊布

本體裡布（正面）

**縫上底部裡布**

底布裡布（背面）

貼上裁切的布襯

縫份處以平針縫做縮縫

襯棉（裁切）

底部裡布（正面）

②用噴膠黏合。

③捲針縫。

本體裡布

①塞進塑膠板。

**完成圖**

**安裝提把**

本體裡布（背面）

①避開本體的裡布，以垂直的方式縫合。

※相反側的做法相同

②縫份摺向內側，立起荷葉邊形緞帶。

本體表布

提把裡布

提把裡布

寬0.7荷葉邊形緞帶

②藏針縫。

本體裡布（正面）

噴膠

本體墊布

①用噴膠黏合本體的墊布與裡布。

10

10.5

**r** 提包

P158的作品

使用圖案 **110**

★原寸圖案在P155
★完成尺寸＝參考圖示
★本體的原寸紙型B面

★**材料**

拼布‧貼布縫用布……深褐色格紋布110×55cm（含後片、側幅和提把銜接布）、駝色格紋布40×25‧綠色印花布適量、裡布‧襯棉各110×60cm、滾邊（斜裁）……綠色格紋布2.5×160cm、布襯25×50cm、銜接寬度12cm的提把1組、25號繡線各色適量

★**做法**

①在拼縫布塊、貼布縫上刺繡，完成前片表布。

②重疊步驟①與襯棉及裡布做壓縫。

③重覆步驟②縫製後片。

④製做四片提把銜接布，穿過提把後以疏縫固定。

⑤將兩片滾邊用斜紋布帶正面相對縫合，做成側幅及本體用的斜紋布帶。

⑥前後片的袋口各自與本體用斜紋布帶正面相對縫合。接著參考圖示加上滾邊，裝上提把。

⑦側幅表布與襯棉及貼上布襯的裡布重疊做壓縫。

⑧用步驟⑤的側幅的斜紋布帶在步驟⑦的上側做滾邊。製做兩片，然後正面相對縫合，做成底部。

⑨前後片和側幅正面相對縫合，收縫份。

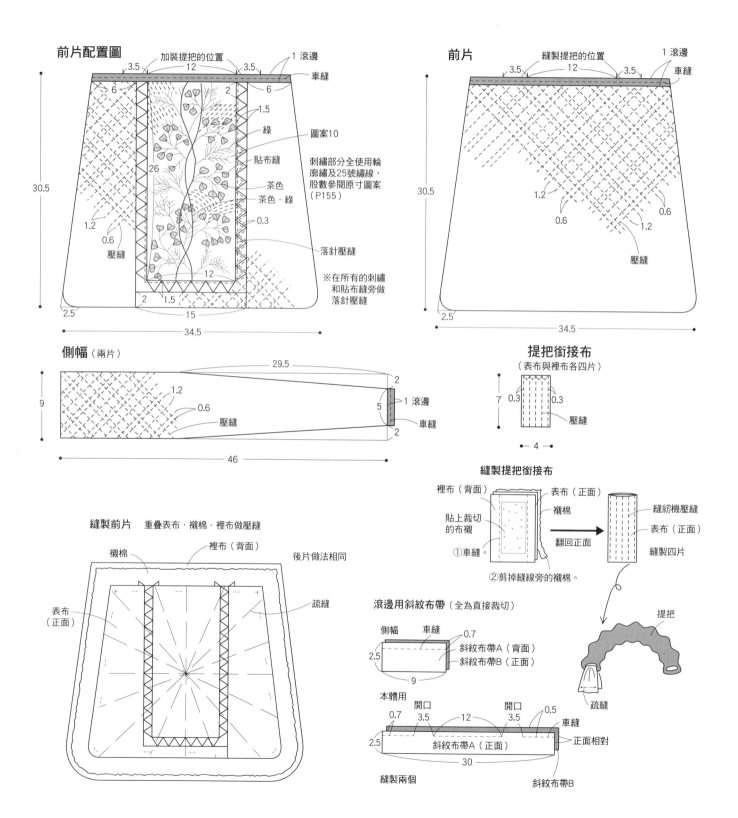

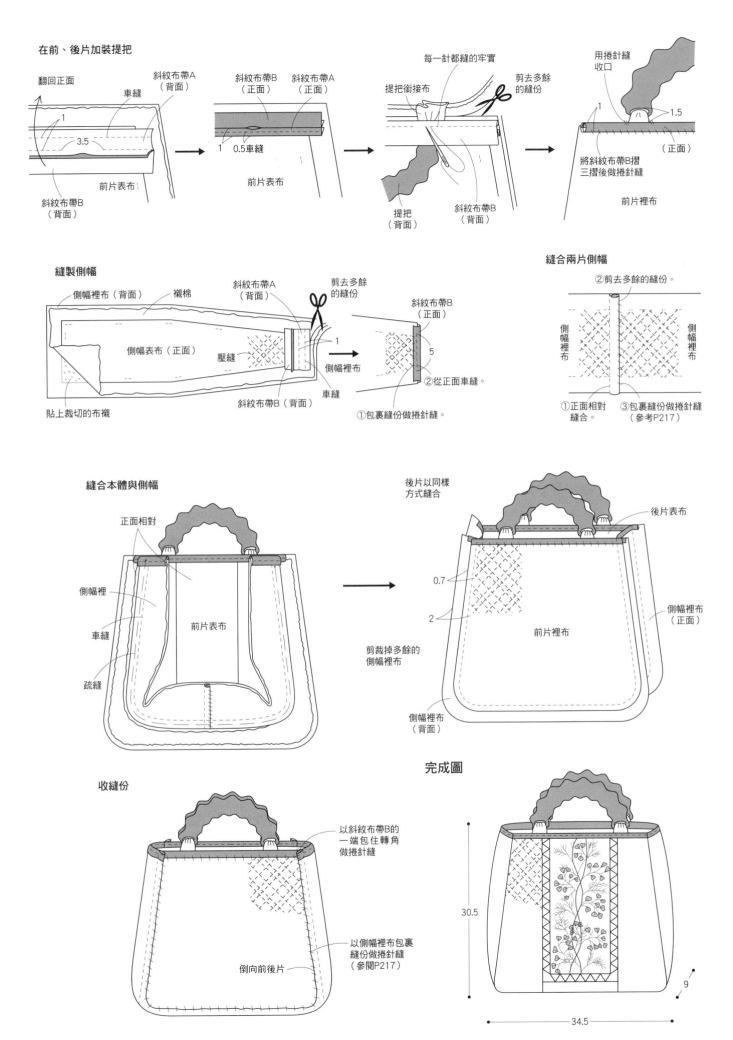

在前、後片加裝提把

翻回正面
車縫
斜紋布帶A（背面）
斜紋布帶B（正面）
斜紋布帶A（正面）
1
3.5
前片表布
斜紋布帶B（背面）
1　0.5車縫
前片表布

每一針都縫的牢實
剪去多餘的縫份
提把銜接布
提把（背面）
斜紋布帶B（背面）

用捲針縫收口
1
1.5
（正面）
將斜紋布帶B摺三摺後做捲針縫
前片裡布

縫製側幅

側幅裡布（背面）
襯棉
斜紋布帶A（背面）
剪去多餘的縫份
側幅表布（正面）
壓縫
斜紋布帶B（背面）
車縫
貼上裁切的布襯
側幅裡布

斜紋布帶B（正面）
1
5
②從正面車縫。
①包裹縫份做捲針縫。

縫合兩片側幅

②剪去多餘的縫份。
側幅裡布
側幅裡布
①正面相對縫合。
③包裹縫份做捲針縫（參考P217）

縫合本體與側幅

正面相對
側幅裡
車縫
疏縫
前片表布

後片以同樣方式縫合
後片表布
0.7
2
前片裡布
剪裁掉多餘的側幅裡布
側幅裡布（正面）
側幅裡布（背面）

收縫份

以斜紋布帶B的一端包住轉角做捲針縫
以側幅裡布包裹縫份做捲針縫（參閱P217）
倒向前後片

完成圖

30.5
34.5
9

221

# S 肩背包

P159的作品

使用圖案 **111**

★原寸圖案在P157
★完成尺寸＝參考圖示
★本體・口布，拉鏈裝飾的原寸紙型B面

★材料

拼布・貼布縫用布……淺灰色花底布30×30cm・碎布適量、本體・側幅・提把用布（含裡布）・口布・拉鏈裝飾……駝色條紋布70×100cm、底部……駝色格紋布15×30cm、裡布・襯棉各110×70cm、收縫用斜紋布帶2.5×260cm、布襯20×100cm、28cm長的拉鏈1條、各式鈕釦5顆、25號繡線各色適量・原色燭芯線適量

★做法

①在拼縫布塊、貼布縫上刺繡，完成前片表布。
②步驟①與裡布正面相對，再疊上襯棉後縫合上側。翻回正面做壓縫，並縫上橫褶。
③重覆步驟②縫製後片。
④底部表布與襯棉及裡布（貼上裁切的布襯）重疊做壓縫。
⑤兩片側幅裡布和貼上裁切布襯的提把裡布正面相對縫合。側幅・提把表布（一片布）和襯棉及裡布重疊後以縫紉機壓縫。
⑥在底部裡布（正面）的左右兩側縫接側幅，成為環狀。
⑦縫製裝拉鏈的口布。
⑧前後片與步驟⑥正面相對縫合，接著將口布與表布及裡布正面相對縫合。
⑨做完前片剩餘的刺繡及拉鏈的裝飾。

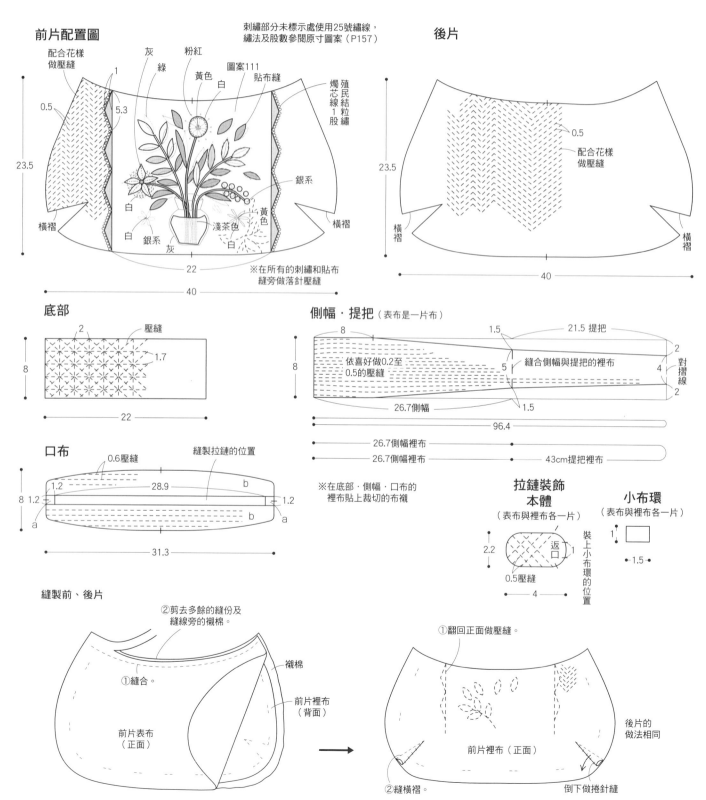

縫合側幅‧提把和底部，略呈對摺狀

提把裡布
（正面）

側幅‧提把表布（正面）
襯棉

縫合

側幅裡布（正面）

縫合

底部裡布
（正面）

縫合

用側幅裡布包裹縫份，倒向
內側做捲針縫(參閱P217)

前後片與側幅正面相對縫合

提把表布（正面）

後片表布（正面）

側幅裡布
（正面）

前片裡布（正面）

縫合

收縫份

0.7

前片裡布

收縫份用斜紋
布帶（背面）

縫合    2.5

剪去多餘的縫份

前片裡布

倒向側幅側

包裹縫份做捲針縫

2.5

收縫用斜紋布帶（背面）

縫合

前片表布

側幅‧提把表布

後片表布

包裹縫份做捲針縫

提把裡布

前片裡布

側幅裡布

後片裡布

摺疊布邊

縫製口布

a表布（背面）

貼上裁切的布襯

a裡布（正面）

拉鏈（背面）

a裡布（背面）

a表布（正面）

縫合

裡布處貼上裁切的布襯

b裡布（正面）

襯棉（裁切）

b表布（背面）

剪掉縫線旁的襯棉

b裡布（背面）

b表布（正面）

a表布（正面）

b表布（背面）

①縫份摺入內側做捲針縫。

b裡布（背面）

b表布（正面）

a表布（正面）

②壓縫。

縫合本體與口布

①本體與口布正面相對縫合，只有表布做捲針縫。

口布裡布

後片表布

側幅裡布

②只有裡布做縮縫。

前片裡布

加工潤飾

拉鏈裝飾

殖民結粒繡燭芯線1股

前片表布

製做拉鏈的裝飾

本體

縫合

返口

（正面）

布襯（裁切）

襯棉

（背面）

翻回正面

壓縫

藏針縫

1

（正面）

小布環

（正面）

（背面）

縫合

翻回正面

車縫

1

（正面）   1.5

利用小布環將拉鏈裝飾套在拉鏈頭

縫上鈕釦

止縫

完成圖

約20

約40

8

齊藤老師的作品因配色獨特、基本技巧紮實深厚而廣受歡迎。最初在NHK《美麗工房》發表作品，目前已在各大媒體發表作品無數。老師目前除主持位於千葉縣市川市的「拼布派對」拼布店和教授拼布課程外，還擔任日本ヴォーグ社「拼布教室」等教室講師，對於提攜後進更是不遺餘力。著作有《齊藤謠子拼布圖樣設計156》、《齊藤謠子拼布圖案精選138》、《齊藤謠子拼布教室》、《齊藤謠子美式拼布》、《齊藤謠子拼布萬花筒》、《四方形與三角形的拼布世界》等書。

【FUN手作】19

# 齊藤謠子の生活拼布刺繡圖案120

作　　　者／齊藤謠子
譯　　　者／瞿中蓮・夏淑宜
選 書 人／FUN手作STUDIO・蘇真＆蘇筠
總 編 輯／蔡麗玲
副總編輯／劉信宏
執行編輯／莊麗娜
編　　　輯／方嘉鈴
封面設計／劉　芸
內頁設計／造　極
出 版 者／雅書堂文化事業有限公司
發 行 者／雅書堂文化事業有限公司
郵撥帳號／18225950　　戶名：雅書堂文化事業有限公司
地　　　址／台北縣板橋市板新路206號3樓
電　　　話／(02)8952-4078
傳　　　真／(02)8952-4084
網　　　址／www.elegantbooks.com.tw
電子郵件／elegant.books@msa.hinet.net

.......................................................

SAITO YOKO NO PATCHWORK WO TANOSHIMU SHISHU PATTERN 120
Copyright © Yoko Saito 2008. Printed in Japan
All rights reserved.
Photographer: Akinori Miyashita
Original Japanese edition published in Japan by Nihon Vogue Co., Ltd.
Traditional Chinese translation rights arranged with Nihon Vogue Co., Ltd.
through Keio Cultural Enterprise Co., Ltd.
Traditional Chinese edition copyright © 2009 by Elegant Books Cultural
Enterprise Co., Ltd.

.......................................................

總 經 銷／朝日文化事業有限公司
進退貨地址／235台北縣中和市橋安街15巷1號7樓
電　　　話／Tel：02-2249-7714
傳　　　真／Fax：02-2249-8715
2009年04月初版　定價／580元

星馬地區總代理：諾文文化事業私人有限公司
新加坡／Novum Organum Publishing House (Pte) Ltd.
20 Old Toh Tuck Road, Singapore 597655. TEL：65-6462-6141
FAX：65-6469-4043
馬來西亞／Novum Organum Publishing House (M) Sdn. Bhd.
No. 8, Jalan 7/118B, Desa Tun Razak,56000 Kuala Lumpur, Malaysia
TEL：603-9179-6333　FAX：603-9179-6060

**國家圖書館出版品預行編目資料**

齊藤謠子の生活拼布刺繡圖案120 /
齊藤謠子著.
-- 初版. -- 臺北縣板橋市：雅書堂文化,
2009.04
面；　公分. -- (Fun.手作；19)
ISBN 978-986-6648-61-8(平裝)
1. 刺繡 2. 拼布藝術
426.2　　　　　　　　98003997